高职高专"十三五"规划教材

# UG NX12.0 机械产品设计与编程

张群威　贾耀曾　主编

化学工业出版社
·北京·

本书内容包括 UG NX12.0 概述、草图功能、实体造型、曲面造型、装配与爆炸图、工程图基础、数控编程基础，书中从基础入手，以实用性强、针对性强的实例为引导，循序渐进地介绍了 UG NX12.0 的使用方法和使用其设计产品的过程及技巧、数控加工知识。为方便上机操作练习，书中每章都附有实践性较强的练习题。为方便教学，本书配套电子课件。

本书图文并茂、深入浅出、通俗易懂，适用于高职高专层次机械类（机制、数控、模具、机械制造与自动化、机电一体化、计算机辅助设计与制造）各专业及近机类专业作为教材使用，也可作为培训用书，同时，也适用于从事机械 CAD/CAM 工作的技术人员自学。

**图书在版编目（CIP）数据**

UG NX12.0 机械产品设计与编程/张群威，贾耀曾主编.—北京：化学工业出版社，2019.8（2023.9重印）
高职高专"十三五"规划教材
ISBN 978-7-122-34644-5

Ⅰ.①U… Ⅱ.①张…②贾… Ⅲ.①机械设计-计算机辅助设计-应用软件-高等职业教育-教材 Ⅳ.①TH122

中国版本图书馆 CIP 数据核字（2019）第107437号

责任编辑：韩庆利　　　　　　　　　　装帧设计：张辉
责任校对：王鹏飞

出版发行：化学工业出版社（北京市东城区青年湖南街13号　邮政编码100011）
印　　装：北京科印技术咨询服务有限公司数码印刷分部
787mm×1092mm　1/16　印张12$\frac{1}{2}$　字数314千字　2023年9月北京第1版第3次印刷

购书咨询：010-64518888　　　　　　　　　售后服务：010-64518899
网　　址：http://www.cip.com.cn
凡购买本书，如有缺损质量问题，本社销售中心负责调换。

定　　价：35.00元　　　　　　　　　　　　　　　　　　　　版权所有　违者必究

# 前言

UG 是高等职业教育课程中必修的一门课程，UG NX 软件在工业制造领域得到了越来越广泛的应用，特别是进入 21 世纪后，机械 CAD/CAM/CAE 技术逐渐向中小型企业普及，应用 UG NX 软件进行产品设计和开发的企业越来越多，因此，市场上急需一大批懂技术、懂设计、懂软件、会操作的应用型高技能人才。

本书把工作环境和教学环境有机结合，内容丰富，注重应用，适应不同能力、不同兴趣学生的个性化学习需求，可以利用移动终端随时随地自主学习。

全书按照"基础—提高—巩固—应用—实例应用拓展"的结构体系进行编排，从基础入手，以实用性强、针对性强的实例为引导，从 3D 造型、工程图、装配设计，到数控铣削加工，循序渐进地介绍了 UG NX12.0 的使用方法和使用其设计产品的过程及技巧。本书每章都附有实践性较强的习题，供学生上机操作时使用，以帮助学生进一步巩固所学内容。

本书图文并茂、深入浅出、通俗易懂。适用于高职高专层次机械类（数控技术、模具设计、机械制造与自动化、机电一体化、计算机辅助设计与制造）各专业及近机类专业作为教材使用，也可作为其他相关专业的横向拓展课程的教材使用，同时，也适用于从事机械 CAD/CAM 工作的技术人员自学。

（1）CAD 部分按由浅入深、逐步增加难度的原则编排内容及习题。

（2）CAM 部分增加和技能大赛要求相关的数控铣削加工及工程应用的实例分析内容。

本书由张群威、贾耀曾任主编，冯凯、张超凡、蔡晓春任副主编，李凯歌、陈桂华参编。

为方便教学，本书配套电子课件，可发邮件至 857702606@qq.com 索取。

由于编者水平有限，书中难免存在不妥之处，敬请广大读者批评指正。

编 者

# 目录

## 第 1 章 UG NX12.0 概述 /1

1.1 UG NX12.0 产品简介 ·················································································· 1
1.2 UG NX12.0 常用功能模块 ············································································ 3
1.3 UG NX12.0 基本设置 ·················································································· 6
1.4 UG NX12.0 基本操作 ·················································································· 8
小结 ·········································································································· 10
课后习题 ···································································································· 11

## 第 2 章 草图功能 /12

2.1 草绘基础知识 ··························································································· 12
2.2 垫片零件草图绘制 ····················································································· 19
2.3 吊钩零件草图绘制 ····················································································· 22
2.4 钩形零件草图绘制 ····················································································· 25
小结 ·········································································································· 28
课后习题 ···································································································· 28

## 第 3 章 实体造型 /31

3.1 建模基础知识 ··························································································· 31
3.2 支架零件建模 ··························································································· 44
3.3 阀体零件建模 ··························································································· 48
3.4 管道零件建模 ··························································································· 55
3.5 箱体零件建模 ··························································································· 58
3.6 锥形阀零件建模 ························································································ 63
小结 ·········································································································· 68
课后习题 ···································································································· 68

## 第 4 章 曲面造型 /71

4.1 曲面造型基础 ··························································································· 71
4.2 鼠标造型设计 ··························································································· 77

  4.3 扇叶造型设计 …………………………………………………………… 80
  4.4 苹果造型设计 …………………………………………………………… 84
  4.5 三棱曲面凸台造型设计 ………………………………………………… 86
  4.6 八边形错位异形凸台造型设计 ………………………………………… 90
  小结 ……………………………………………………………………………… 93
  课后习题 ………………………………………………………………………… 94

## 第 5 章 装配与爆炸图 /95

  5.1 装配基础知识 …………………………………………………………… 95
  5.2 台钳零部件建模及装配 ………………………………………………… 102
  小结 ……………………………………………………………………………… 122
  课后习题 ………………………………………………………………………… 122

## 第 6 章 工程图基础 /124

  6.1 工程图设计基础知识 …………………………………………………… 124
  6.2 工程图设计实例 1 ……………………………………………………… 135
  6.3 工程图设计实例 2 ……………………………………………………… 139
  小结 ……………………………………………………………………………… 144
  课后习题 ………………………………………………………………………… 144

## 第 7 章 数控编程基础 /145

  7.1 UG CAM 基础知识 ……………………………………………………… 145
  7.2 型腔铣削加工 …………………………………………………………… 152
  7.3 凸模板铣削加工 ………………………………………………………… 160
  7.4 凸模零件铣削加工 ……………………………………………………… 167
  7.5 平面刻字加工 …………………………………………………………… 174
  7.6 曲面刻字加工 …………………………………………………………… 178
  7.7 凹模零件铣削加工 ……………………………………………………… 182
  小结 ……………………………………………………………………………… 189
  课后习题 ………………………………………………………………………… 190
  参考文献 ………………………………………………………………………… 192

# 第 1 章
# UG NX12.0 概述

本章主要介绍 UG NX12.0 的基本功能及基本操作过程，包括 UG NX12.0 的启动、新建文件、选择模板、工具栏及按钮定制、键盘快捷键的自定义及导出 Parasolid 格式文件等基本操作方法和过程。

### ■ 学习目标

◇ 了解 UG NX12.0 基本特点及常用模块功能
◇ 掌握 UG NX12.0 的安装方法
◇ 掌握 UG NX12.0 基本设置方法
◇ 掌握 UG NX12.0 基本操作方法

### ■ 主要内容

◇ 1.1　UG NX12.0 产品简介
◇ 1.2　UG NX12.0 常用功能模块
◇ 1.3　UG NX12.0 基本设置
◇ 1.4　UG NX12.0 基本操作

## 1.1　UG NX12.0 产品简介

UG NX 软件在航空航天、汽车、通用机械、工业设备、医疗器械以及其他高科技应用领域应用广泛，在机械设计和模具加工自动化的市场上使用越来越多。多年来，UG NX 一直在支持美国通用汽车公司实施目前全球最大的虚拟产品开发项目，同时 UG NX 也是日本著名汽车零部件制造商 DENSO 公司的设计标准，并在全球汽车行业得到了很大的应用。

UG NX12.0 是 Siemens 公司（原 UGS 公司）开发的产品全生命周期解决方案中面向产品开发领域的 CAD/CAM/CAE 软件。UG NX 先后推出了多个版本，并不断升级，每次发布的最新版本，都代表着当时世界同行业制造技术的发展前沿，很多现代设计方法和理念，都能较快地在新版本中反映出来。同样，UG NX12.0 版本的很多内容也是在原来的基础上进行了改进和升级，使其灵活性和协调性更好，可更方便地帮助用户实现产品的创新，缩短产品上市时间、降低成本、提高产品的设计和制造质量。

UG NX12.0 为 CAD/CAM/CAE 市场提供了突破性的技术创新，在生产力改进方面的提高幅度超过了以前任何一个版本，是高性能产品开发解决方案历程中的一个重要里程碑，其创新技术为行业设定了新标准，UG NX12.0 的各项技术的集成极大地提高了企业有效利用所有业务知识的能力，代表了世界上领先数字化产品开发系统的重大演进。

### 1.1.1 UG NX12.0 产品特点

UG NX12.0 提供了一个基于过程的产品设计环境，使产品开发从设计到加工真正实现了数据的无缝集成，从而优化了企业的产品设计与制造。UG NX 面向过程驱动的技术是虚拟产品开发的关键技术，在面向过程驱动技术的环境中，用户的全部产品及精确的数据模型能够在产品开发全过程的各个环节保持相关，从而有效地实现了并行工程。

UG NX12.0 不仅具有强大的实体造型、曲面造型、虚拟装配、产生工程图等设计功能，而且在设计过程中可进行有限元分析、机构运动分析、动力学分析和仿真模拟，以提高设计的可靠性。同时，可用建立的三维模型直接生成数控代码，用于产品的加工，其后处理程序支持各种类型数控机床。另外，它还提供二次开发语言，便于用户开发专用的 CAD 系统。具体来说，该软件具有以下特点。

① 具有统一的数据库，真正地实现了 CAD/CAM/CAE 等各模块之间无数据交换的自由切换，可实施并行工程和协同设计。

② 采用复合建模技术，可将实体建模、曲面建模、线框建模、显示几何建模与参数化建模融为一体。

③ 用基于特征的建模和编辑方法作为实体造型基础，形象直观，类似于工程师传统的设计办法，并能用参数驱动。

④ 曲面设计采用非均与有理 B 样条作基础，可用多种方法生成复杂的曲面，特别适合于汽外形设计、汽轮机叶片设计等复杂曲面造型。

⑤ 出图功能强，能按照国际标准和国标标注尺寸形位公差和文字说明，十分方便地从三维实体模型直接生成二维工程图等。并能直接对实体做旋转剖、阶梯剖和轴测图挖切，生成各种剖视图，增强了绘制工程图的实用性。

⑥ 以 Parasolid 为实体建模核心，实体造型功能处于领先地位，目前，著名的 CAD/CAM/CAE 软件均以此作为实体造型基础。

⑦ 提供了界面良好的一次开发工具，并能通过高级语言接口，使 UG 语言的计算功能紧密结合起来。

⑧ 具有良好的用户界面，绝大多数功能都可通过图标实现，进行对象操作时，具有自动推理功能。同时，在每个操作步骤中，都有相应的提示信息，便于用户做出正确的选择。

### 1.1.2 UG NX12.0 的启动方法

方法 1：从【开始】菜单运行 UG NX12.0

运行 UG NX12.0，可选择【开始】—【所有程序】—【Siemens NX12.0】—【NX12.0】命令。NX12.0 闪屏出现后弹出 NX12.0 窗口，如图 1.1 所示。

方法 2：通过双击部件文件运行

运行 UG NX12.0 也可通过双击 UG NX12.0 部件（.prt）文件来实现。UG NX12.0 安

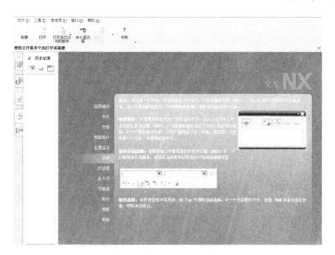

图 1.1　NX12.0 窗口

装完成后，将在部件文件和 UG NX12.0 之间建立文件名关联，双击（.prt）文件，如果 UG NX12.0 不能正常启动，则关联已由其他应用程序更改。使用安装【修复】选项可重新建立此文件名关联，要检查文件关联，可在【资源管理器】窗口中选择【工具】—【文件夹】选项，单击【文件类型】选项卡，向下滚动列表，直到找到部件（.prt）文件的条目。

## 1.2　UG NX12.0 常用功能模块

UG NX12.0 包含几十个功能不同的模块，如图 1.2 所示。常用的有建模模块、工程图模块、装配模块、产品设计模块、模具设计模块、固定轴铣削加工模块、多轴铣削加工模块、车削加工模块、线切割加工模块、加工后处理模块、刀具路径编辑、切削仿真模块等。UG NX12.0 的常用模块按应用类型一般可分为 4 类，即 CAD 模块、CAM 模块、CAE 模块和其他模块。

图 1.2　UG NX12.0 的功能模块

### 1.2.1 CAD模块

CAD模块主要包括以下几个方面的内容。

① 实体建模：该模块具有基于约束的特征建模和显式几何建模的复合建模功能，用户能够方便地建立二维和三维线框模型。实体建模提供了草图设计、各种曲线生成、编辑、布尔运算、扫掠实体、旋转实体、沿导引线扫掠、尺寸驱动、定义、编辑变量及其表达式等工具。

② 特征建模：特征建模模块可根据工程特征的设计含义建模。该模块提供了各种标准设计特征的生成和编辑，如各种孔、键槽、凹腔、方形、圆形、异形、方形凸台、圆形凸台、异形凸台、圆柱、方块、圆锥、球体、管道、杆、倒圆、倒角、模型抽空产生薄壁实体等，还包括倒斜角、拔锥等特征操作，如图1.3所示。

③ 曲面建模：该模块用于创建复杂曲面形状，包括四点曲面、直纹面、扫描面、通过组曲线的自由曲面、通过两组类正交曲线的自由曲面、等半径和变半径倒圆、两张及多张曲面间的光顺桥接、动态拉动调整曲面、曲面裁剪及曲面编辑等。如图1.4所示。

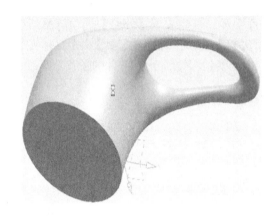
图1.3 特征建模

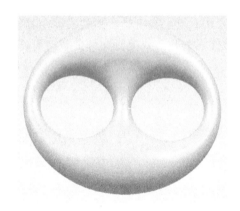
图1.4 曲面建模

④ 用户定义的特征：该模块允许用户自行定义和存储基于用户自定义的特征，便于调用和编辑的零件族，形成用户专用自定义特征库，提高用户设计建模效率。

工程图模块可帮助工程师获得与三维实体模型完全对应的二维工程图，并具有完全符合国家标准的二维工程图的所有功能。此模块基于复合建模技术，建立与几何模型相关的尺寸，确保当模型修改时，二维工程图自动更新。该模块还提供了自动视图布置、剖视图、各向视图、局部放大图、局部剖视图、自动尺寸标注、手工尺寸标注、形位公差标注、粗糙度符号标注、简体中文输入、视图手工编辑、装配图剖视、爆炸图及明细表自动生成等工具，如图1.5所示。

装配模块具有将一系列单独的零部件装配起来的功能，该模块提供并行的自顶而下和自下而上的产品开发方法。装配时，可保证装配模型和零件设计完全双向相关，零件设计修改后，装配模型中的零件会自动更新，同时，也可在装配环境下直接修改零件设计，如图1.6所示。

外观造型设计模块提供工业造型功能，为工业设计师提供产品概念设计阶段的设计环境，利用提供的高级图形工具可获得视觉更好的产品设计效果图。外观造型设计模块主要包括"形状分析""可视化形状""真实着色"等子模块。

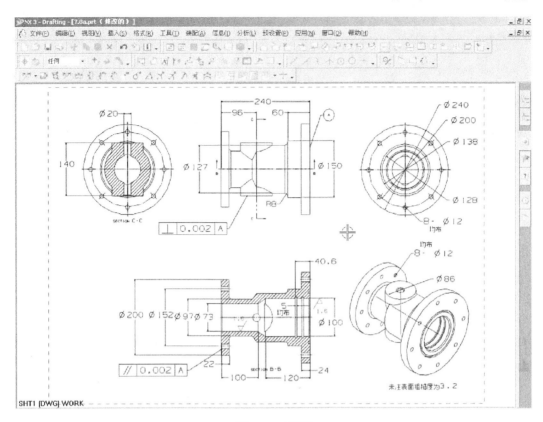

图 1.5 工程图

图 1.6 装配

## 1.2.2 CAM 模块

UG NX12.0 中的 CAM 模块主要是指数控加工模块,该模块可以根据所建立的三维模型直接生成数控代码及刀具轨迹,如图 1.7 所示,用于产品的加工制造。UG NX12.0 强大的加工功能由多个加工模块组成,具有数控车、型芯和型腔铣、固定轴铣、可变轴铣、顺序铣、线切割等功能。可根据所加工零件的特点,选择不同的加工模块对零件进行加工制造,并对数控加工进行自动编程。五轴加工零件举例如图 1.8 所示。

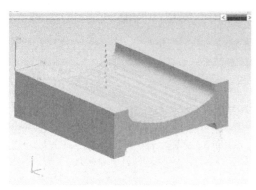 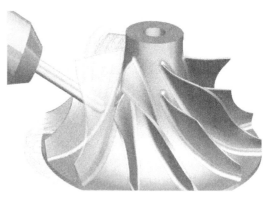

图 1.7　刀具轨迹　　　　　　　　图 1.8　五轴加工零件

### 1.2.3　CAE 模块

CAE 模块是用于产品分析的主要模块，包括设计仿真和运动仿真等模块。

设计仿真模块是一个集成化、全相关、直观易用的 CAE 工具，可对零件和装配进行快速的有限元前后处理。主要用于设计过程中的有限元分析计算和优化，以得到优化的高质量产品，并缩短产品开发时间。该模块具有将几何模型转化为有限元分析模型的全套工具，既可在实体模型上进行全自动网格划分，又可交互式划分，提供材料特性定义、载荷定义、约束条件定义等功能，生成的有限元前后处理结果可直接提供给有限元线性解算器进行有限元计算，也可输出到 ANSYS 软件进行计算，并能对有限元分析结果进行图形化显示和动画模拟，提供输出等值线图、云图、动态仿真、数据输出等功能，如图 1.9 所示。

运动仿真模块可提供机构设计、分析和仿真功能，可以对铰链、连杆、弹簧、阻尼、初始运动条件等机构定义要素，并在实体模型或装配环境中创建产品的虚拟样机，对样机进行动力学、运动学以及静力学的分析，如图 1.10 所示。

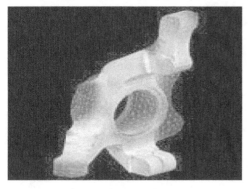 

图 1.9　有限元分析　　　　　　　　图 1.10　运动仿真

## 1.3　UG NX12.0 基本设置

### 1.3.1　UG NX12.0 的操作环境

单击【开始】—【所有程序】—【Siemens NX12.0】—【NX12.0】命令，可以启动 UG

NX12.0，进入登录界面。

在登录界面，UG NX12.0 提供了快速帮助功能，对常用的模块，如应用模块、定制、查看、选择、对话框、导航器等基本功能进行简单介绍，只要光标经过相应的位置，对应的帮助信息就会出现在屏幕上，如图 1.11 所示。

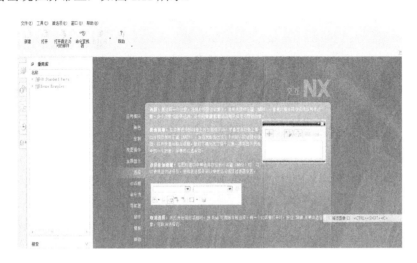

图 1.11  UG NX12.0 登录界面

UG NX12.0 的主工作窗口如图 1.12 所示，主要包括以下几个部分：窗口标题栏、菜单栏、工具栏、工作区、提示栏、状态栏、快捷菜单、图层工作区和工作坐标等。

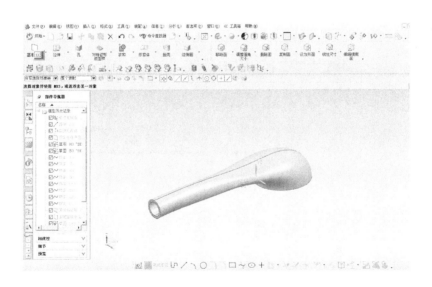

图 1.12  UG NX12.0 主工作窗口

① 窗口标题栏：用来显示软件版本，以及当前使用者应用模块的名称和文件名等信息。

② 菜单栏：主要用来调用 UG NX12.0 各功能模块和调用各执行命令以及对 UG NX12.0

系统的参数进行设置。对于不同的功能模块，菜单略有差别。

③ 工具栏：提供命令，工具条使命令操作更加快捷，工具条都对应菜单下不同的命令。

④ 工作区：是绘图工作的主区域。在进入绘图模式后，工作区内就会显示选择球和辅助工具栏，用来表明当前光标在工作坐标系中的位置。

⑤ 提示栏：固定在主界面的最下方，主要用来提示用户如何操作，执行每个命令步骤时，系统都会在提示栏中显示用户必须执行的动作，或者提示用户下一个动作。

⑥ 状态栏：主要用来显示系统及图形的状态。

⑦ 工作坐标：UG NX12.0 图形界面中的工件坐标系统为 WCS。系统会在工作图区中出现一个坐标，用于显示用户现行的工作坐标系统。

### 1.3.2 UG NX12.0 的菜单工具条

在默认状态下，UG NX12.0 只是显示些常用的工具条及常用图标，用户可以根据需要，自己定制工具条。定制工具条有以下两种方法。

方法 1：在工具条中单击鼠标右键，在弹出的快捷菜单中选择需要的工具条。

方法 2：选择【工具】—【定制】命令，进入工具条定制窗口，如图 1.13 所示，在其中选择需要的工具条。

图 1.13　工具条定制窗口

定制工具条后，还可以定义每一工具条中的功能图标。

用户还可以选择【工具】—【定制】命令，进入工具条定制窗口，单击【命令】选项卡，然后，自定义我的按钮、我的菜单、我的下拉菜单和我的用户命令。

## 1.4　UG NX12.0 基本操作

通过一个轴零件的建模过程，介绍 UG NX12.0 的基本功能及基本操作过程，包括 UG

NX12.0 的启动、新建文件、选择模板、工具条及按钮定制、键盘快捷键的自定义，以及 UG NX12.0 导出 Parasolid 格式文件等基本操作。

（1）启动 UG NX12.0

在计算机桌面左下角选择【开始】—【所有程序】—【Siemens NX12.0】—【NX12.0】命令，打开 UG NX12.0。

（2）创建 zhou.prt 文件

在 UG NX12.0 窗口中选择【文件】—【新建】命令或单击【新建】图标—打开如图 1.14 所示的【新建】对话框—选择【模型】选项卡→输入新文件名为"zhou"，文件夹路径为 "D:\lianxi"—【确定】，进入建模环境。

（3）显示所需的工具条

设置工作界面，显示常用的工具条，包括【直接草图】【特征】【直线和圆弧】和【编辑曲线】工具条。在工具条空白处右击，会显示出所有工具条，选中【直接草图】【特征】【直线和圆弧】和【编辑曲线】工具条。也可选择【工具】—【定制】命令，打开【定制】对话框—单击【工具条】选项卡—在【工具条】列表中把【直接草图】【特征】【直线和圆弧】和【编辑曲线】工具条前的复选框选中，如图 1.15 所示。

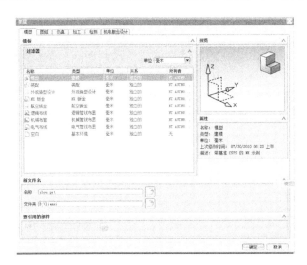

图 1.14  【新建】对话框

图 1.15  工具条定制窗口

（4）显示或隐藏工具条上的命令图标

根据需要分别对上述工具条上的命令图标进行显示和隐藏操作，单击【直线和圆弧】工具条右上角的三角形图标，选择【添加或移除按钮】—【直线和圆弧】命令，打开菜单栏，分别单击选择要显示的【直线和圆弧】工具条命令图标，或单击命令图标前面的复选框，去掉对号，将该命令在工具条上隐藏。

（5）定义键盘快捷键

选择【工具】—【定制】命令打开【定制】对话框—单击【键盘】命令，弹出【定制键盘】对话框—在【类别】选项栏中选择【插入】—【设计特征】命令—在右侧【命令】选项栏中选择【圆柱体】命令。将光标移到【按新的快捷键】文本框中—按键盘上的【Y 键】—单击【指派】按钮，在【指定键盘序列】提示栏中，可以看到创建圆柱体特征的快捷键已经被定义成【Y 键】，如图 1.16 所示。

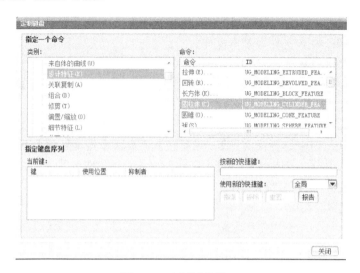

图 1.16　定制键盘窗口

（6）创建圆柱体

单击【特征】工具条中的【圆柱体】图标，打开【圆柱】对话框。也可以利用自定义的键盘快捷键命令，即直接按 Y 键，打开【圆柱】对话框，选择【轴、直径和高度】方式创建，在矢量构造器中，指定 YC 轴为圆柱体方向，圆柱体定位点选择自动判断点，默认为坐标原点，在圆柱【尺寸】组中输入直径"30"、高度"100"，在【预览】组中单击【显示结果】命令，确认无误后单击【确定】按钮，轴建模完成，如图 1.17 所示。

选择【文件】—【导出】—【Parasolid】命令，打开【导出 Parasolid】对话框，选择要导出的版本，在绘图区选择轴部件，单击【导出 Parasolid】对话框中的【确定】按钮，出现导出 Parasolid 文件名和路径的对话框，输入导出的文件名"zhou"及路径"D:\lianxi"后，单击【OK】按钮，如图 1.18 所示。

图 1.17　创建圆柱体

图 1.18　【导出 prasolid】对话框

## 小　　结

本章主要介绍了 UG NX12.0 入门的基础知识和基本操作功能，包括 UG NX12.0 的特点、强化功能和 CAD 模块、CAM 模块、CAE 模块等模块功能，还介绍了 UG NX12.0 安装与运行、UG NX12.0 界面、基本操作、用户自定义设置菜单、工具条、鼠标的用法、键盘快捷键的应用及设置等，同时，也对点、基准轴、坐标系等工具对象的创建，点、类等操作对象的选取，对象的变换及布尔操作等做了介绍。针对不同的用户及自学的需要又介绍了在不同场合下帮助的应用，以及角色、首选项及用户默认设置的方法。最后，通过具体操作实例轴零件的建模，进行了介绍。

## 课后习题

1. 设置UG NX12.0操作界面，自定义工具条练习。
2. 熟练使用鼠标及键盘快捷键操作。
3. 点、基准轴、坐标系创建练习。

# 第 2 章 草图功能

草图是与实体模型相关联的二维图形,一般作为三维实体模型的基础。该功能可以在三维空间中的任何一个平面内建立草图平面,并在该平面内绘制草图。草图中提出了"约束"的概念,可以通过几何约束与尺寸约束控制草图中的图形,可以实现与特征建模模块同样的尺寸驱动,并可以方便地实现参数化建模。

用草图工具,快速绘制近似的曲线轮廓,再通过添加精确的约束定义后,就可以完整表达设计的意图。建立的草图还可用实体造型工具进行拉伸、旋转及扫掠等操作,生成与草图相关联的实体模型。修改草图时,关联的实体模型也会自动更新。

## 学习目标

◇ 了解草图的功能及作用
◇ 掌握草图平面的建立方法
◇ 掌握草图创建及操作的方法
◇ 掌握草图约束的方法

## 主要内容

◇ 2.1 草绘基础知识
◇ 2.2 垫片零件草图绘制
◇ 2.3 吊钩零件草图绘制
◇ 2.4 钩形零件草图绘制

## 2.1 草绘基础知识

二维草图的设计是创建许多特征的基础,例如在创建拉伸、回转和扫描等特征时,都需要先绘制所建特征的截面形状,其中扫描特征还需要通过绘制草图以定义扫描轨迹。

### 2.1.1 进入与退出草图环境

(1) 进入草图环境的操作方法

在建模环境下,选择菜单栏上的【插入】,单击下拉菜单中的第一个【草图】按钮,单击【确定】,进入草图环境。

(2)选择草图平面

进入草图环境时,默认的平面为 XZ-YZ 平面,也可以选择其他平面。

(3)退出草图环境的操作方法

草图绘制完成后,可以在【直接草图】工具条最左边单击【完成草图】,也可以在绘图区单击右键,在弹出的菜单中单击【完成草图】,退出草图环境。

### 2.1.2 草图环境中的下拉菜单

(1)【插入】菜单

草图环境中的主要菜单,它的功能主要包括草图的绘制、标注和添加约束等。

单击该菜单,即可弹出其中的命令,其中绝大部分命令都以快捷按钮方式出现在屏幕的工具栏中,如图 2.1 所示。

(2)【编辑】菜单

草图环境中对草图进行编辑的菜单,如图 2.2 所示。

图 2.1 【插入】菜单

图 2.2 【编辑】菜单

选择该菜单,即可弹出其中的选项,其中绝大部分选项都以快捷按钮方式出现在屏幕的工具栏中。

### 2.1.3 草图的绘制

(1)草图绘制概述

要进行草图绘制,应先从草图绘制环境的工具栏按钮区或【插入】—【曲线】下拉菜单中选取一个绘图命令,然后可通过在图形区选取点来创建对象,【直接草图】工具条如图 2.3 所示。

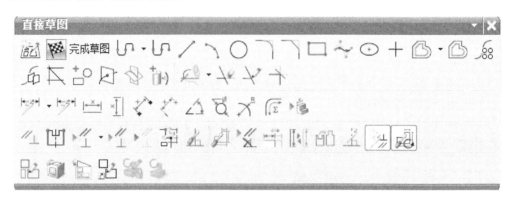

图 2.3 【直接草图】工具条

（2）【直接草图】工具条简介

在草图创建过程中，使用的主要就是【直接草图】工具条，它包括草图绘制、草图编辑和草图约束三个部分。草图绘制完成后，可以进行修剪、延伸、阵列等操作，也可以添加相切、相互平行和垂直等操作。

（3）绘制直线

【直线】工具条如图 2.4 所示。

（4）绘制圆弧

选择下拉菜单【插入】—【圆弧】命令（或单击工具栏中的【圆弧】按钮），系统弹出如图 2.5 所示的【圆弧】工具条。

图 2.4　【直线】工具条　　　　图 2.5　【圆弧】工具条

绘制圆弧有两种方法：一种是通过确定圆弧的两个端点和圆弧上的一个通过点来创建圆弧；一种是通过确定圆弧的中心和端点创建圆弧。

（5）绘制圆

选择下拉菜单【插入】—【圆】命令（或单击工具栏中的【圆】按钮），系统弹出如图 2.6 所示的【圆】工具条。

（6）绘制圆角

选择下拉菜单【插入】—【圆角】命令（或单击工具栏中的【圆角】按钮），系统弹出如图 2.7 所示的【圆角】工具条。同时可以对相交直线进行圆角操作，如图 2.8、图 2.9 所示。

图 2.6　【圆】工具条　　　　图 2.7　【圆角】工具条

图 2.8　"修剪"的圆角　　　　　图 2.9　"取消修剪"的圆角

当对圆角进行相同的约束却有两种不同情况时,可以选择备选解,如图 2.10、图 2.11 所示。

图 2.10　"创建备选圆角"的选择(一)　　图 2.11　"创建备选圆角"的选择(二)

(7)绘制矩形

选择下拉菜单【插入】—【矩形】命令,系统弹出图 2.12 所示的【矩形】工具条。

绘制矩形有三种方法:一种是两点方式,即通过确定两个对角点来创建矩形,如图 2.13 所示;一种是三点方式,即通过确定三个顶点来创建矩形,如图 2.14 所示;一种是从中心方式,即通过选取中心点、一条边的中点和顶点来创建矩形,如图 2.15 所示。

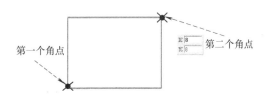

图 2.12　【矩形】工具条　　　　　图 2.13　两点方式

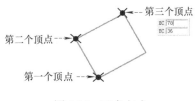

图 2.14　三点方式　　　　　　图 2.15　从中心方式

(8)绘制派生直线

选择下拉菜单【插入】—【派生直线】命令,选择参考线后,可以进行派生直线及角平分线的操作,如图 2.16~图 2.19 所示。

(9)样条曲线

选择下拉菜单【插入】—【艺术样条】命令(或单击【艺术样条】按钮),系统弹出

图2.20所示的【艺术样条】对话框，有两种不同的创建方式，如图2.21所示。

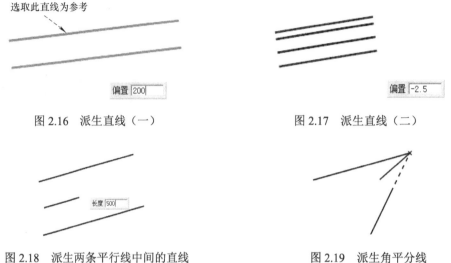

图2.16 派生直线（一）　　　　　图2.17 派生直线（二）

图2.18 派生两条平行线中间的直线　　　图2.19 派生角平分线

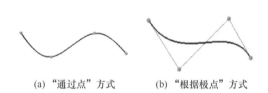

图2.20 【艺术样条】对话框　　　　图2.21 艺术样条的创建方式

### 2.1.4 草图的编辑

（1）快速修剪

选择下拉菜单【编辑】—【快速修剪】命令，可以对多余的曲线进行修剪，如图2.22所示。

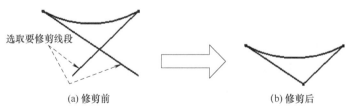

图2.22 快速修剪

（2）快速延伸

选择下拉菜单【编辑】—【快速延伸】命令，可以将曲线延伸到下一个边界，如图 2.23 所示。

图 2.23　快速延伸

（3）镜像

镜像可以将草图对象以一条直线为对称中心，将所选取的对象以这条对称中心为轴进行复制，生成新的草图对象，如图 2.24 所示。

选择下拉菜单【插入】—【镜像】命令，系统弹出图 2.25 所示【镜像曲线】对话框。通过此对话框用户可以创建镜像曲线。

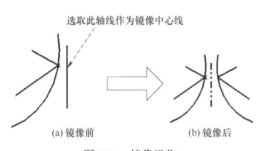

图 2.24　镜像操作

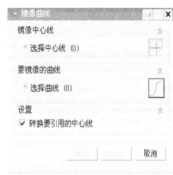

图 2.25　【镜像曲线】对话框

（4）偏置曲线

偏置曲线就是对当前草图中的曲线进行偏移，从而产生与源曲线相关联、形状相似的新的曲线，如图 2.26 所示。

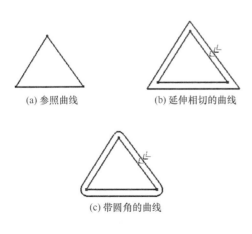

图 2.26　偏置曲线的创建

图 2.27　【偏置曲线】对话框

选择下拉菜单【插入】—【偏置曲线】命令，系统弹出图 2.27 所示【偏置曲线】对话框。通过此对话框用户可以创建偏置曲线。

### 2.1.5　草图的约束

（1）草图约束概述

草图约束主要包括几何约束和尺寸约束两种类型。几何约束是用来定位草图对象和确定草图对象之间的相互关系，而尺寸约束是来驱动、限制和约束草图几何对象的大小和形状的。

（2）添加几何约束

在二维草图中，添加几何约束主要有两种方法：手工添加几何约束和自动产生几何约束。

方法 1：手工添加几何约束，是指对所选对象由用户自己来指定某种约束，如图 2.28～图 2.31 所示。

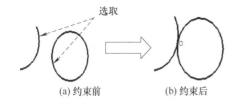

图 2.28　添加相切约束

图 2.29　【约束】工具条（一）

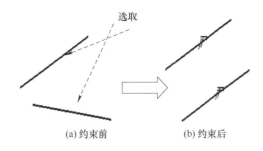

图 2.30　添加多个约束

图 2.31　【约束】工具条（二）

方法 2：自动产生几何约束，是指系统根据选择的几何约束类型以及草图对象间的关系，自动添加相应的约束到草图对象上。

（3）添加尺寸约束

添加尺寸约束也就是在草图上标注尺寸，并设置尺寸标注线的形式与尺寸大小，来驱动、限制和约束草图几何对象。选择下拉菜单【插入】—【尺寸】中的命令，主要包括以下

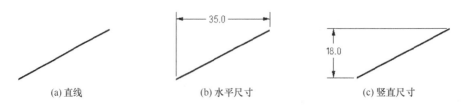

图 2.32　水平和竖直尺寸的标注

几种标注方式,如图 2.32、图 2.33 所示。

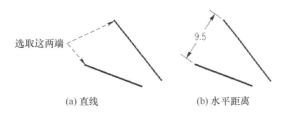

图 2.33 水平距离的标注

(4) 约束的备选解

当用户对一个草图对象进行约束操作时,同一约束条件可能存在多种满足约束的情况,【备选解】操作正是针对这种情况的,它可从约束的一种解法转为另一种解法。

选择下拉菜单【工具】—【约束】—【备选解算方案】命令,弹出【备选解】对话框,如图 2.34 所示。用户可以通过此对话框选择另外一种解法,如图 2.35 和图 2.36 所示。

图 2.34 【备选解】对话框　　图 2.35 外切图形　　图 2.36 内切图形

## 2.2 垫片零件草图绘制

### 2.2.1 草图分析

本实例绘制的是一金属垫片草图,如图 2.37 所示为金属垫片的图纸。

### 2.2.2 草图绘制步骤

绘制金属垫片零件草图的步骤如下:

步骤 1:新建文件。打开 UG NX12.0,点击【新建】,在弹出的对话框中输入"dianpian",如图 2.38 所示,单击【确定】按钮,进入建模环境,如图 2.39 所示。

步骤 2:在菜单栏中点击【插入】—【草图】按钮,弹出【创建草图】对话框,指定平面为"ZC",如图 2.40 所示,单击【确定】按钮,进入草图绘制环境。单击右键,选择定向视图到草图,如图 2.41 所示。

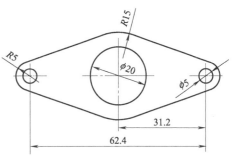

图 2.37 金属垫片草图

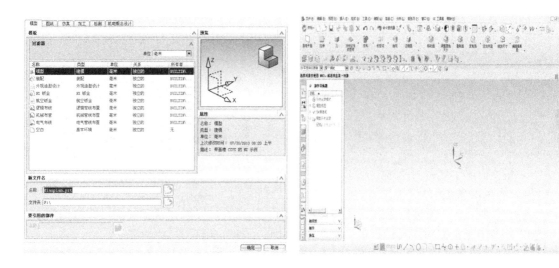

图 2.38　新建文件　　　　　　　　　图 2.39　进入建模环境

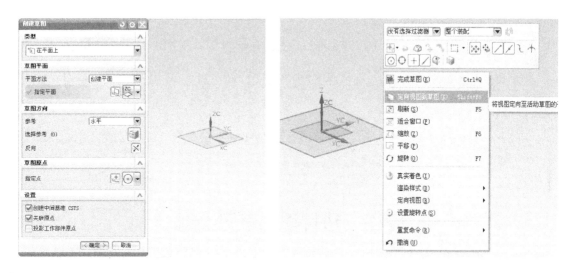

图 2.40　选择草图平面　　　　　　　图 2.41　定向视图到草图

步骤 3：在菜单栏中点击【插入】—【草图曲线】—【圆】按钮，选择圆心方式，创建 $\phi20$ 的圆和 $\phi30$ 的圆，如图 2.42 所示。

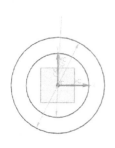 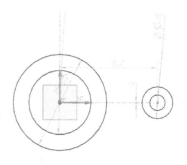

图 2.42　创建 $\phi20$ 和 $\phi30$ 的圆　　　　　图 2.43　创建 $\phi10$ 的圆

步骤 4：在菜单栏中点击【插入】—【草图曲线】—【圆】按钮，输入圆心"31.2，0"单击回车键，输入直径"5"，用同样的方法创建 φ10 的圆，如图 2.43 所示。

步骤 5：在菜单栏中点击【插入】—【草图曲线】—【镜像曲线】按钮，弹出对话框如图 2.44 所示，选择右边的两个小圆为对象，选择 Y 轴为对称中心线，单击【确定】按钮，把右边的两个小圆镜像到左边，如图 2.45 所示。

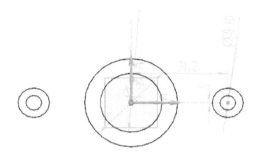

图 2.44　【镜像曲线】对话框　　　　　　图 2.45　镜像小圆

步骤 6：在菜单栏中点击【插入】—【草图曲线】—【直线】按钮，在图 2.45 的周边任意绘制四条直线，如图 2.46 所示。

步骤 7：在菜单栏中点击【插入】—【草图约束】—【约束】按钮，选中 φ30 和两个 φ10 的圆，单击【固定】按钮，如图 2.47 所示。

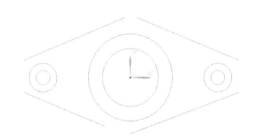
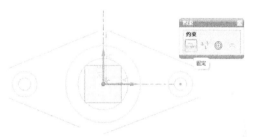

图 2.46　绘制直线　　　　　　图 2.47　打开【约束】按钮

步骤 8：依次选择相应的直线和圆，约束其相切，如图 2.48 和图 2.49 所示。

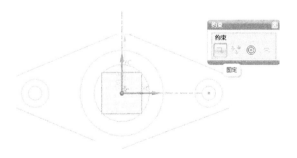
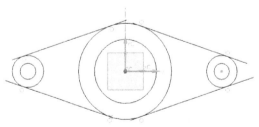

图 2.48　添加约束　　　　　　图 2.49　添加相切约束

步骤 9：在菜单栏中点击【编辑】—【草图曲线】—【快速修剪】按钮，裁剪掉多余的线段，最终结果如图 2.50 所示。单击右键，选择【完成草图】按钮，退出草图环境。

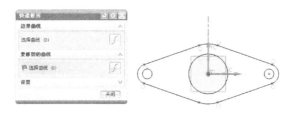

图 2.50　修剪曲线

草图绘制完成后，可对草图进行简单的特征操作，比如拉伸，这样可以对绘制的草图进行检验，如有问题，可以直接双击绘制的图形重新进入草图环境对草图进行修改。

## 2.3　吊钩零件草图绘制

### 2.3.1　草图分析

本实例绘制的是一吊钩零件草图，如图 2.51 所示为吊钩零件的图纸。

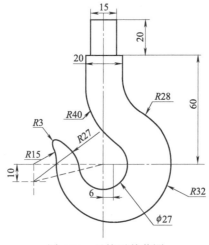

图 2.51　吊钩零件草图

### 2.3.2　草图绘制

绘制吊钩零件草图的步骤如下：

步骤 1：新建文件。打开 UG NX12.0，点击【新建】，在弹出的对话框中输入"diaogou"，如图 2.52 所示，单击【确定】按钮，进入建模环境，如图 2.53 所示。

步骤 2：在菜单栏中点击【插入】—【草图】按钮，弹出【创建草图】对话框，指定平面为"ZC"，单击【确定】按钮，进入草图绘制环境。单击右键，选择定向视图到草图。如图 2.54 和图 2.55 所示。

步骤 3：在菜单栏中点击【插入】—【草图曲线】—【圆】按钮，选择圆心方式，创建 $\phi 27$ 的圆和 $R32$ 的圆，注意两个圆不同心，$R32$ 圆的圆心坐标为"$x=6, y=0$"，如图 2.56 所示。

第 2 章 草图功能

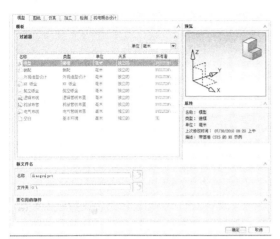

图 2.52　新建文件　　　　　　　　　图 2.53　进入建模环境

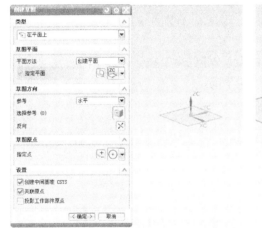
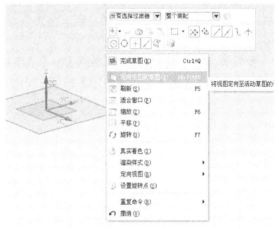

图 2.54　选择草图平面　　　　　　　图 2.55　定向视图到草图

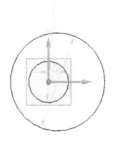

图 2.56　创建圆　　　　　　　　　　图 2.57　创建矩形

步骤 4：在菜单栏中点击【插入】—【草图曲线】—【矩形】按钮，使用对角方式，输入起点 "–7.5，80"，单击回车键，输入宽度 "15"，高度 "20"，单击回车键。然后选择矩形的下边线，单击右键，选择【删除】，如图 2.57 所示。用同样的方法创建宽 20、高 60 的矩形，并将多余的线段修剪，如图 2.58 所示。

步骤 5：在菜单栏中点击【插入】—【草图曲线】—【直线】按钮，沿 X 轴作一条直线，并作一条与 X 轴平行距离为 10 的辅助线，如图 2.59 所示。

图 2.58　创建矩形并修剪　　　　　　图 2.59　作辅助线

步骤 6：在菜单栏中点击【插入】—【草图曲线】—【圆弧】按钮，使用 "圆心-半径" 方式，分别在上一步所作的两条直线上任选一点作为圆心，分别作 $R15$ 和 $R27$ 的圆弧，如图 2.60 所示。

步骤 7：在菜单栏中点击【插入】—【草图约束】—【约束】按钮，选中两条辅助直线和 $\phi27$ 的圆和 $R32$ 的圆，单击【固定】按钮，如图 2.61 所示。

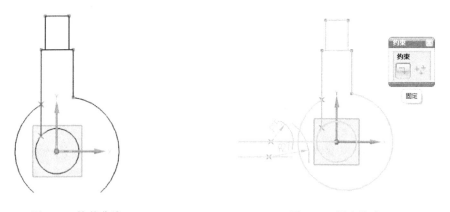

图 2.60　修剪曲线　　　　　　图 2.61　固定约束

步骤 8：在菜单栏中点击【插入】—【草图曲线】—【圆弧】按钮，然后约束 $R15$ 圆弧与 $R32$ 圆弧相切，$R27$ 圆弧与 $\phi27$ 圆弧相切，如图 2.62 所示。

步骤 9：在菜单栏中点击【编辑】—【草图曲线】—【快速延伸】按钮，将 $R27$ 圆弧和 $R15$ 圆弧延伸，并作 $\phi6$ 的圆，然后添加约束，将 $R27$ 和 $R15$ 的圆弧固定，并约束它们和 $\phi6$ 的圆相切，如图 2.63 所示。

步骤 10：在菜单栏中点击【编辑】—【草图曲线】—【快速修剪】按钮，裁剪掉多余的线段和辅助线，如图 2.64 所示。然后在菜单栏中点击【插入】—【草图曲线】—【圆角】工具，倒出 $R40$ 和 $R28$ 的圆角，最终结果如图 2.65 所示。单击右键，选择【完成草图】按钮，退出草图环境。

草图绘制完成后，可对草图进行简单的特征操作，比如拉伸，这样可以对绘制的草图进行检验，如有问题，可以直接双击绘制的图形重新进入草图环境对草图进行修改。

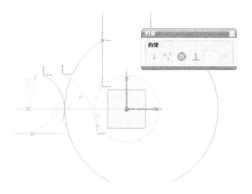

图 2.62　约束相切（一）

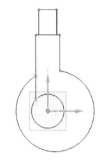

图 2.63　约束相切（二）

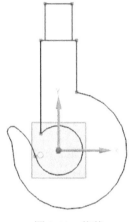

图 2.64　裁剪

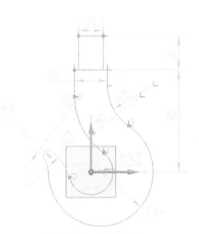

图 2.65　标注尺寸

## 2.4　钩形零件草图绘制

### 2.4.1　草图分析

绘制如图 2.66 所示钩形零件的草图。

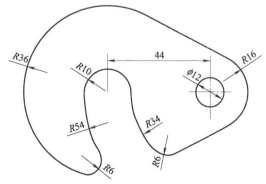

图 2.66　钩形零件草图

## 2.4.2 草图绘制

绘制钩形零件草图的步骤如下：

步骤 1：新建文件。打开 UG NX12.0，点击【新建】，在弹出的对话框中输入"03"，如图 2.67 所示，单击【确定】按钮，进入建模环境，如图 2.68 所示。

图 2.67　新建文件　　　　　　　　　　图 2.68　进入建模环境

步骤 2：在菜单栏中点击【插入】—【草图】按钮，弹出【创建草图】对话框，指定平面为"ZC"，单击【确定】按钮，如图 2.69 所示，进入草图绘制环境。单击右键，选择定向视图到草图，如图 2.70 所示。

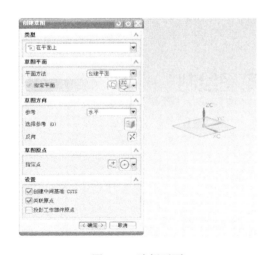 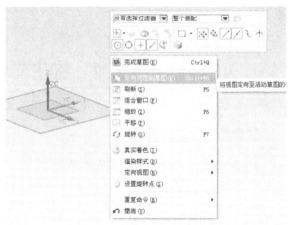

图 2.69　选择平面　　　　　　　　　　图 2.70　定向视图到草图

步骤 3：在菜单栏中点击【插入】—【草图曲线】—【圆】按钮，选择圆心方式，创建四个圆，如图 2.71 所示。

步骤 4：在菜单栏中点击【插入】—【草图曲线】—【直线】按钮，作外公切线如图 2.72 所示。在菜单栏中点击【插入】—【草图约束】—【约束】按钮，选中四个圆，单击【固定】按钮。然后分别选中直线和圆，添加相切约束，如图 2.73 所示。

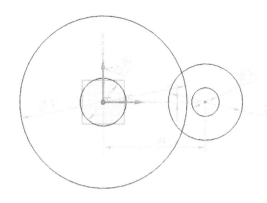

图 2.71　创建圆

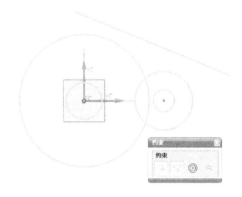

图 2.72　绘制外公切线

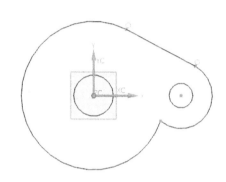

图 2.73　相切约束

步骤 5：选择【镜像曲线】，如图 2.74 所示，以 X 轴为镜像轴，作下方的曲线如图 2.75 所示。

图 2.74　【镜像曲线】对话框

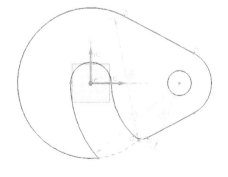

图 2.75　镜像曲线

步骤 6：在菜单栏中点击【插入】—【草图曲线】—【圆弧】按钮，使用圆心方式，分别作 R34 和 R54 的圆弧，修剪多余的线段，使用【圆角】工具倒出 R6 的圆角，最终结果如图 2.76 所示。

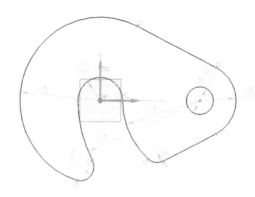

图 2.76　钩形草图

## 小　结

本章通过几个实例介绍了 UG NX 的草图绘制功能。由于篇幅限制，只对第一个实例做了详细介绍，后面两个实例只是给出了其绘制思路。学习本章后，希望读者在实践中能够对草图工具进行熟练灵活运用，并掌握草图的绘制思路。二维草图是基础，也是建模环节中重要的一环，学好二维草图就能轻松地设计任何复杂的结构模型。

## 课后习题

绘制图 2.77～图 2.80 所示草图。

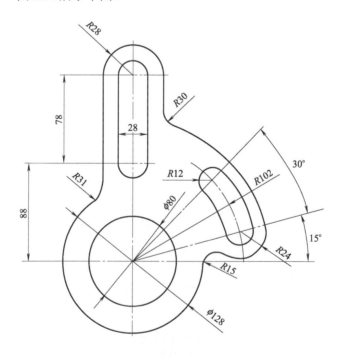

图 2.77

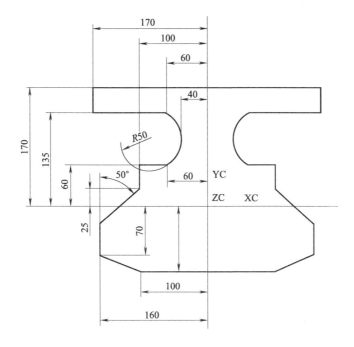

图 2.78

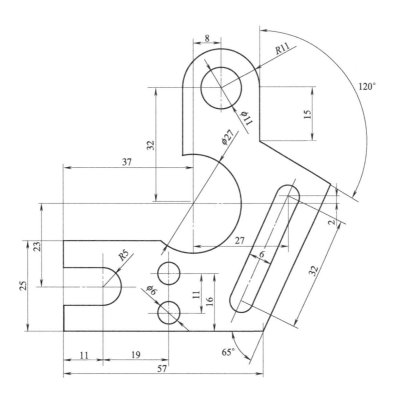

图 2.79

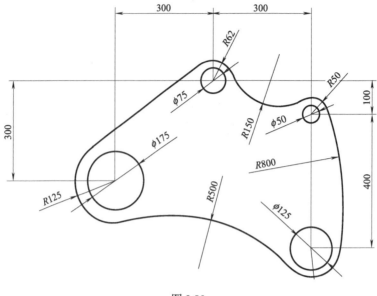

图 2.80

# 第 3 章 实体造型

UG NX12.0 采用基于特征和约束的复合建模技术，具有强大的参数化设计和编辑复杂实体模型的能力。其实体特征是以参数形式定义的，可方便地基于大小、形状和位置进行尺寸驱动及编辑。

## 学习目标

◇ 了解实体建模基本概念
◇ 熟练掌握特征建模方法任务
◇ 掌握特征操作方法
◇ 掌握特征编辑方法

## 主要内容

◇ 3.1　建模基础知识
◇ 3.2　支架零件建模
◇ 3.3　阀体零件建模
◇ 3.4　管道零件建模
◇ 3.5　箱体零件建模
◇ 3.6　锥形阀零件建模

## 3.1　建模基础知识

### 3.1.1　UG NX12.0 文件的操作

（1）新建文件

新建一个部件文件，可以采用以下步骤。

步骤 1：选择下拉菜单【文件】—【新建】命令。

步骤 2：弹出图 3.1 所示的【新建文件】对话框。在选项栏中，选取模板类型为模型，在名称文本框中输入文件名称（如 model），单击文本框后的【打开】按钮设置文件存放路径（或者在文本框中输入文件保存路径，或单击文本框后的【打开文件】按钮设置文件保存路径）。

步骤 3：单击【确定】按钮，完成新部件的创建。

图 3.1　【新建文件】对话框

（2）文件保存

方法 1：保存

在 UG NX12.0 中，选择下拉菜单【文件】—【保存】命令，即可保存文件。

方法 2：另存为

选择下拉菜单【文件】—【另存为】命令，系统弹出图 3.2 所示的【另存为】对话框。可以利用不同的文件名存储一个已有的部件文件作为备份。

图 3.2　【另存为】对话框

(3) 打开文件

方法 1: 打开一个部件文件, 如图 3.3 所示。

图 3.3　打开文件

方法 2: 打开多个文件。

在同一进程中, UG NX12.0 允许同时创建和打开多个部件文件, 可以在几个文件中不断切换并进行操作, 很方便地同时创建彼此有关系的零件。

在下拉菜单【窗口】中选择文件, 每次选中不同的文件即可互相切换, 下拉菜单如图 3.4 所示。如果打开的文件超过 10 个, 选择下拉菜单【窗口】—【更多】命令, 弹出【更改窗口】对话框 (图 3.5), 可以在对话框中选择所需的部件。

图 3.4　【窗口】下拉菜单　　　图 3.5　【更改窗口】对话框

(4) 关闭部件和退出 UG NX12.0

选择下拉菜单【文件】—【退出】命令, 如果部件文件已被修改, 系统会弹出图 3.6 所示的【退出】对话框。单击按钮, 退出 UG NX12.0。

图 3.6 【退出】对话框

### 3.1.2 体素

（1）基本体素

基本体素有长方体、圆柱体、圆锥体以及球体等，如图 3.7～图 3.11 所示。

图 3.7 "长方体"特征    图 3.8 "圆柱体"特征

图 3.9 "圆锥体"特征    图 3.10 "圆锥体"特征    图 3.11 "球体"特征

（2）在基本体素上添加其他体素

可以在基本体素上添加其他体素对不同的体素进行组合，如图 3.12～图 3.14 所示。

图 3.12 "添加长方体"特征    图 3.13 "添加球体"特征    图 3.14 "添加圆锥体"特征

### 3.1.3 布尔操作

（1）布尔操作概述

布尔操作可以将原先存在的多个独立的实体进行运算，以产生新的实体。进行布尔运算时，首先选择目标体（即被执行布尔运算的实体，只能选择一个），然后选择刀具体（即在目标体上执行操作的实体，可以选择多个），运算完成后，刀具体成为目标体的一部分，而且如果目标体和刀具体具有不同的图层、颜色、线型等特性，产生的新实体具有与目标体相同的特性。如果部件文件中已存有实体，当建立新特征时，新特征可以作为刀具体，已存在的实体作为目标体。

（2）布尔求和操作

布尔求和操作用于将刀具体和目标体合并成一体，如图3.15所示。

选择下拉菜单【插入】—【组合体】—【求和】命令，弹出图3.16所示的【求和】对话框。用户可以通过此对话框进行求和操作。

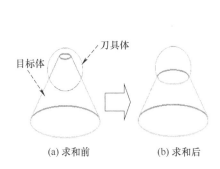

图3.15 布尔求和操作

图3.16 【求和】对话框

（3）布尔求差操作

布尔求差操作用于将刀具体从目标体中移除，如图3.17所示。

选择下拉菜单【插入】—【组合体】—【求差】命令，弹出图3.18所示的【求差】对话框。用户可以通过此对话框进行求差操作。

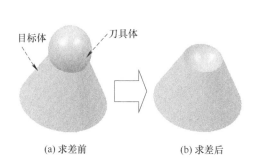

图3.17 布尔求差操作

图3.18 【求差】对话框

（4）布尔求交操作

布尔求交操作用于创建包含两个不同实体的共有部分。进行布尔求交运算时，刀具体与目标体必须相交，如图3.19所示。

选择下拉菜单【插入】—【组合体】—【求交】命令，弹出图3.20所示的【求交】对话框，用户可以通过此对话框进行求交操作。

### 3.1.4 拉伸特征

（1）拉伸特征简述

拉伸特征是将截面沿着草图平面的垂直方向拉伸而成的特征，它是最常用的零件建模方法。下面以一个简单实体三维模型（图3.21）为例，说明拉伸特征的基本概念及其创建方法，同时介绍用UG NX12.0软件创建零件三维模型的一般过程。

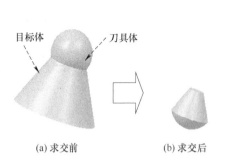

图 3.19　布尔求交操作　　　　　　　图 3.20　【求交】对话框

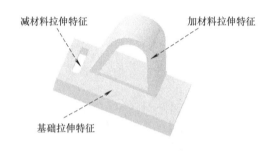

图 3.21　实体三维模型

（2）创建基础拉伸特征
步骤 1：选取拉伸特征命令。
步骤 2：定义拉伸特征的截面草图。
步骤 3：定义拉伸类型。
步骤 4：定义拉伸深度属性。
如图 3.22 所示。

图 3.22　拉伸特征

（3）添加其他特征
步骤 1：添加加材料拉伸特征，如图 3.23 所示。
步骤 2：添加减材料拉伸特征，如图 3.24 所示。

## 3.1.5　回转特征

（1）回转特征简述
回转特征是将截面绕着一条中心轴线旋转而形成的特征（图 3.25）。

 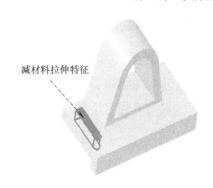

图 3.23　添加加材料拉伸特征　　　　　图 3.24　添加减材料拉伸特征

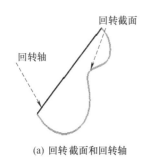  

(a) 回转截面和回转轴　　　　　　(b) 回转特征

图 3.25　回转特征示意图

选择【插入】—【设计特征】—【回转】命令，即可创建回转特征。

（2）矢量

在建模的过程中，矢量构造器的应用十分广泛，如对定义对象的高度方向、投影方向和回转中心轴等进行设置。【矢量】对话框的使用如图 3.26 所示。

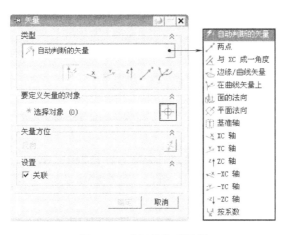

图 3.26　【矢量】对话框

（3）创建回转特征的一般过程

步骤 1：选择命令。

步骤 2：定义或者选择回转截面。

步骤 3：定义回转轴。

步骤 4：确定回转角度的起始值和结束值。

### 3.1.6 倒斜角

构建特征不能单独生成，而只能在其他特征上生成，孔特征、倒角特征和圆角特征等都是典型的构建特征。使用【倒斜角】命令可以在两个面之间创建用户需要的倒角，如图 3.27 所示。

图 3.27 创建倒斜角

### 3.1.7 边倒圆

如图 3.28 所示，使用【边倒圆】（倒圆角）命令可以使多个面共享的边缘变光滑。既可以创建圆角的边倒圆（对凸边缘去除材料），也可以创建倒圆角的边倒圆（对凹边缘添加材料）。

图 3.28 边倒圆

### 3.1.8 隐藏与显示对象

对象的隐藏就是通过一些操作，使该对象在零件模型中不显示。如图 3.29 所示。
编辑对象的显示就是修改对象的层、颜色、线型和宽度等，如图 3.30 所示。

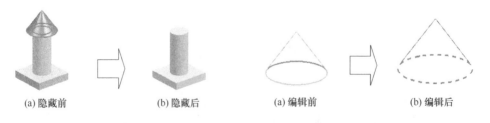

图 3.29 隐藏对象　　　　　　　　图 3.30 编辑对象的显示

### 3.1.9 常用的基准特征

（1）基准平面

基准平面可作为创建其他特征（如圆柱、圆锥、球以及回转的实体等）的辅助工具，如图 3.31 所示。

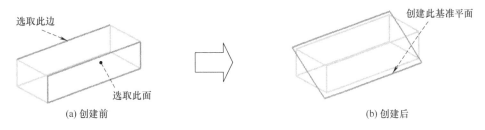

图 3.31 创建基准平面

（2）基准轴

基准轴既可以是相对的，也可以是固定的。以创建的基准轴为参考对象，可以创建其他对象，比如基准平面、回转特征和拉伸体等，如图 3.32 所示。

图 3.32 创建基准轴

（3）基准坐标系

基准坐标系由 3 个基准平面、3 个基准轴和原点组成，在基准坐标系中可以选择单个基准平面、基准轴或原点。基准坐标系可用来创建其他特征、约束草图和定位在一个装配中的组件等，如图 3.33 所示。

图 3.33 创建基准坐标系

### 3.1.10 拔模

使用【拔模】命令可以使面相对于指定的拔模方向成一定的角度。拔模通常用于对模型、部件、模具或冲模的竖直面添加斜度，以便借助拔模面将部件或模型与其模具或冲模分开。用户可以为拔模操作选择一个或多个面，但它们必须都是同一实体的一部分，如图 3.34

和图 3.35 所示。

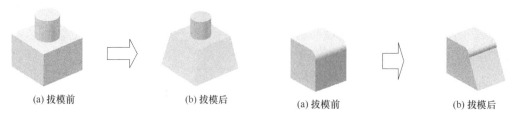

图 3.34 创建面拔模　　　　　图 3.35 创建边拔模

### 3.1.11 抽壳

使用【抽壳】命令可以利用指定的壁厚值来抽空一实体，或绕实体建立一壳体。可以指定不同表面的厚度，也可以移除单个面。图 3.36 所示为长方体底面抽壳和体抽壳后的模型。

(a) 底面抽壳　　　　　　(b) 体抽壳

图 3.36 抽壳

### 3.1.12 孔特征

在 UG NX12.0 中，可以创建以下三种类型的孔特征（Hole）。

简单孔：具有圆形截面的切口，它始于放置曲面并延伸到指定的终止曲面或用户定义的深度。创建时要指定"直径""深度"和"尖端尖角"。

埋头孔：该选项允许用户创建指定"孔直径""孔深度""尖角""埋头直径"和"埋头深度"的埋头孔。

沉头孔：该选项允许用户创建指定"孔直径""孔深度""尖角""沉头直径"和"沉头深度"的沉头孔。

### 3.1.13 螺纹

在 UG NX12.0 中，可以创建两种类型的螺纹。

符号螺纹：以虚线圆的形式显示在要攻螺纹的一个或几个面上。符号螺纹可使用外部螺纹表文件（可以根据特殊螺纹要求来定制这些文件），以确定其参数。

详细螺纹：比符号螺纹看起来更真实，但由于其几何形状的复杂性，创建和更新都需要较长的时间。详细螺纹是完全关联的，如果特征被修改，则螺纹也相应更新。可以选择生成部分关联的符号螺纹，或指定固定的长度。部分关联是指如果螺纹被修改，则特征也将更新（但反过来则不行），如图 3.37 所示。

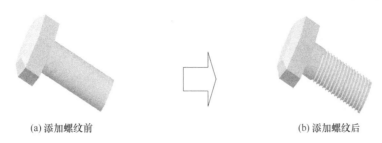

图 3.37　添加螺纹特征

### 3.1.14　扫掠特征

扫掠特征是用规定的方法沿一条空间的路径移动一条曲线而产生的体（图 3.38）。移动曲线称为截面线串，其路径称为引导线串。

用户可以通过选择下拉菜单【插入】—【扫掠】—【扫掠】命令创建扫掠特征。

图 3.38　创建扫掠特征

### 3.1.15　缩放

使用"缩放"命令可以在"工作坐标系"（WCS）中按比例缩放实体和片体（图 3.39）。可以使用均匀比例，也可以在 XC、YC 和 ZC 方向上独立地调整比例。比例类型有均匀、轴对称和通用比例。

用户可以通过选择下拉菜单【插入】—【偏置/比例】—【缩放】命令来对目标实体或片体进行缩放。

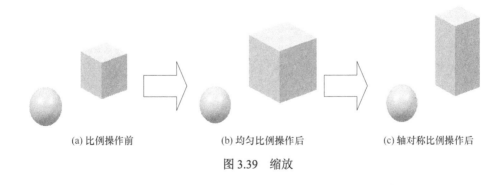

图 3.39　缩放

### 3.1.16　特征的变换

（1）比例变换

比例变换用于对所选对象进行成比例放大或缩小，如图 3.40 所示。

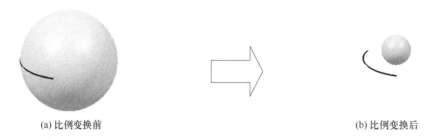

(a) 比例变换前　　　　　　　　　　　　(b) 比例变换后

图 3.40　比例变换

（2）用直线作镜像

用直线作镜像是将所选特征相对于选定的一条直线（镜像中心线）作镜像（图 3.41）。

(a) 用直线作镜像前　　　　　　　　　　(b) 用直线作镜像后

图 3.41　用直线作镜像

（3）变换命令中的矩形阵列

矩形阵列主要用于将选中的对象从指定的原点开始，沿所给方向生成一个等间距的矩形阵列（图 3.42）。

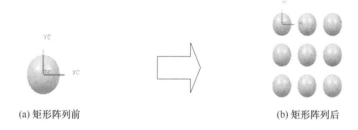

(a) 矩形阵列前　　　　　　　　　　　　(b) 矩形阵列后

图 3.42　矩形阵列

（4）变换命令中的圆形阵列

圆形阵列用于将选中的对象从指定的原点开始，绕阵列的中心生成一个等角度间距的环形阵列（图 3.43）。

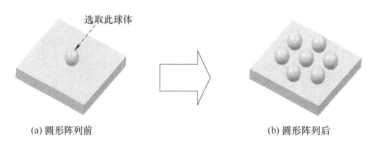

(a) 圆形阵列前　　　　　　　　　　　　(b) 圆形阵列后

图 3.43　圆形阵列

## 3.1.17 模型的关联复制

（1）抽取

抽取是用来创建所选取特征的关联副本。抽取操作的对象包括面、面区域和体。如果抽取一条曲线，则创建的是曲线特征；如果抽取一个面或一个区域，则创建一个片体；如果抽取一个体，则新体的类型将与原先的体相同（实体或片体）。

用户可以通过选择下拉菜单【插入】—【关联复制】—【抽取体】命令来进行抽取，如图 3.44 所示。

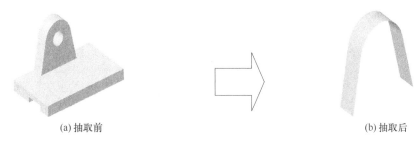

图 3.44　抽取体特征

（2）对特征形成图样

对特征形成图样操作是对模型特征的关联复制，类似于副本。可以生成一个或者多个特征组，而且对于一个特征来说，其所有的实例都是相互关联的，可以通过编辑原特征的参数来改变其所有的实例。实例功能可以定义线性阵列、圆形阵列、多边形阵列、螺旋式阵列、常规阵列和参考阵列等。创建矩形阵列和圆形阵列如图 3.45 和图 3.46 所示。

图 3.45　创建矩形阵列　　　　　　　图 3.46　创建圆形阵列

用户可以通过选择下拉菜单【插入】—【关联复制】—【对特征形成图样】命令来创建。

（3）镜像特征

镜像特征功能可以将所选的特征相对于一个平面或基准平面（称为镜像中心平面）进行镜像，从而得到所选的特征的一个副本，如图 3.47 所示。

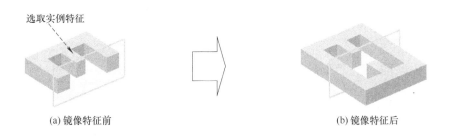

图 3.47　镜像特征

用户可以通过选择下拉菜单【插入】—【关联复制】—【镜像特征】命令来创建。

### 3.1.18 模型的测量

选择下拉菜单【分析】—【测量距离】命令，系统弹出图 3.48 所示的【测量距离】对话框，用户可以通过此对话框来测量距离，如图 3.49 所示。

图 3.48 【测量距离】对话框

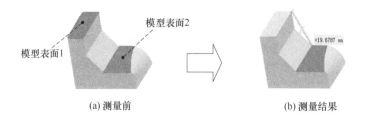

(a) 测量前　　　　　　　　　　(b) 测量结果

图 3.49 测量面与面的距离

## 3.2 支架零件建模

认真分析零件图纸，根据尺寸要求创建支架零件的三维模型。

### 3.2.1 零件分析

图 3.50 所示零件为支架零件，根据零件图分析可知，该支架零件由底座、支撑、加强筋、空心圆柱组成，按照从下往上的方式完成建模，主要使用的工具为拉伸。

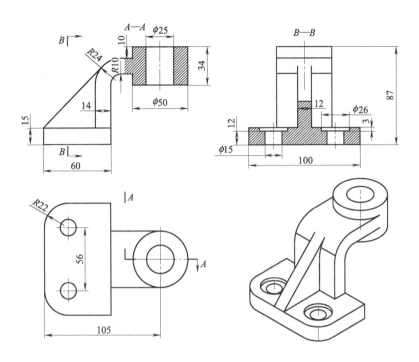

图 3.50 支架零件图

## 3.2.2 建模步骤

步骤 1：绘利草图并完成建模。首先选择 XC-YC 平面为基准平面，按图示尺寸绘制底座草图如图 3.51 所示。

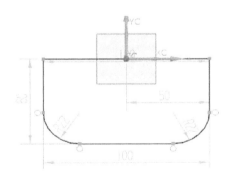

图 3.51 底座草图

步骤 2：选择下拉菜单中的【插入】—【设计特征】—【拉伸】命令，设置拉伸深度和拉伸方向如图 3.52 所示，完成底座的创建，如图 3.53 所示。

步骤 3：选择 YC-ZC 平面为基准平面，按图示尺寸绘制支撑草图，如图 3.54 ～图 3.56 所示。

步骤 4：选择下拉菜单中的【插入】—【设计特征】—【拉伸】命令，设置拉伸深度和拉伸方向如图 3.57 所示，完成支撑的创建。

图 3.52 【拉伸】对话框   图 3.53 拉伸底座

图 3.54 【创建草图】对话框   图 3.55 选择草图平面

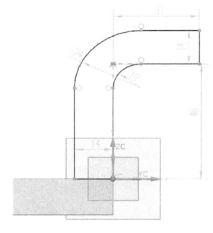
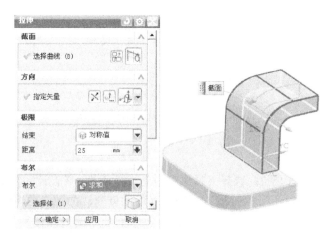

图 3.56 支撑草图   图 3.57 对称拉伸

步骤5：选择支撑的上表面为基准平面，绘制直径为50的圆，如图3.58、图3.59所示。

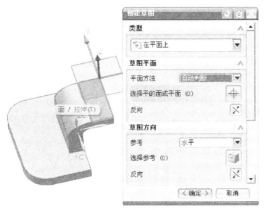
图3.58 选择基准平面

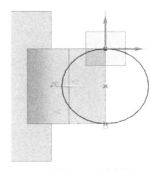
图3.59 绘制圆

步骤6：选择下拉菜单中的【插入】—【设计特征】—【拉伸】命令，设置拉伸深度和拉伸方向，如图3.60所示，完成圆柱的创建。

图3.60 拉伸操作

步骤7：选择下拉菜单中的【插入】—【设计特征】—【孔】命令，设置孔的参数如图3.61所示，确定孔的位置，完成圆柱孔的创建，如图3.62所示。

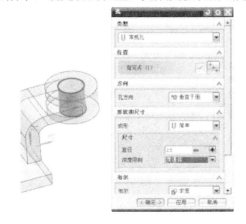
图3.61 设置孔参数

图3.62 创建圆柱孔

步骤8：选择YC-ZC平面为基准平面，按图示尺寸绘制加强筋草图如图3.63所示。选择下拉菜单中的【插入】—【设计特征】—【拉伸】命令，设置拉伸深度和拉伸方向如图3.64

所示，完成加强筋的创建。

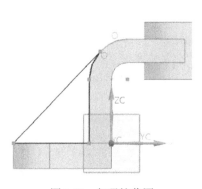

图 3.63　加强筋草图

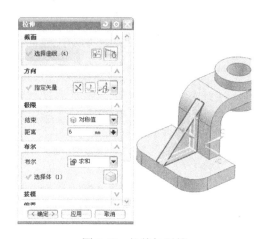

图 3.64　拉伸加强筋

步骤 9：选择下拉菜单中的【插入】—【设计特征】—【孔】命令，设置孔的参数如图 3.65 所示，确定孔的位置，完成两个沉头孔的创建。最终支架模型如图 3.66 所示。

图 3.65　创建沉头孔

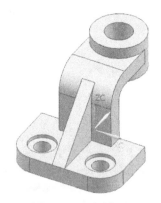

图 3.66　支架模型

## 3.3　阀体零件建模

### 3.3.1　零件分析

在本实例中设计的阀体零件图如图 3.67 所示。

### 3.3.2　建模步骤

步骤 1：新建【模型】文件"fati"，设置单位为【毫米】，单击【确定】，进入【建模】模块，如图 3.68 所示。

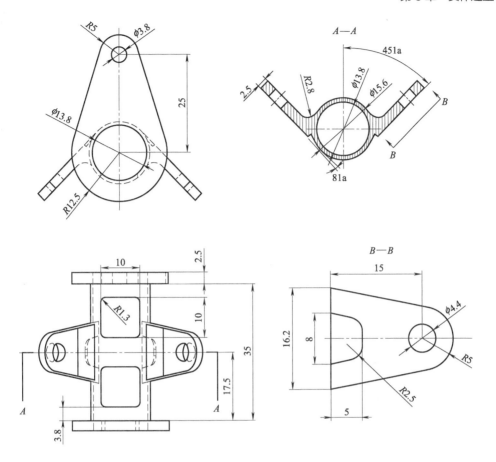

图 3.67 阀体零件图

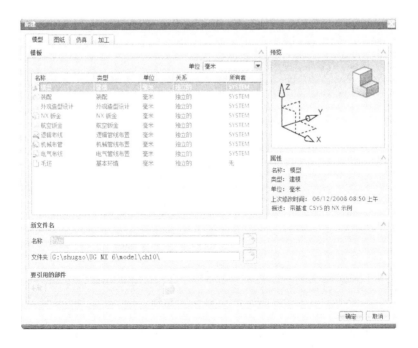

图 3.68 新建文件

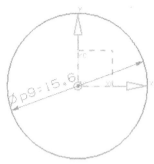

图 3.69 圆草图

步骤 2：绘制草图。选择下拉菜单中的【插入】—【草图】命令，选择 XC-YC 平面作为草图平面，单击【确定】，进入【草图】模块。绘制如图 3.69 所示的草图，单击【完成草图】，退出【草图】模块。

步骤 3：创建拉伸特征。选择下拉菜单中的【插入】—【设计特征】—【拉伸】命令，选择如图所示的曲线作为【截面曲线】，并设置对称拉伸的【距离】为 17.5，其余保持默认设置，单击【确定】，如图 3.70 所示。

步骤 4：绘制草图。选择下拉菜单中的【插入】—【草图】命令，选择 XC-YC 平面作为草图平面，单击【确定】，进入【草图】模块。绘制如图 3.71 所示的底座草图，单击【完成草图】，退出【草图】模块。

图 3.70 拉伸圆柱

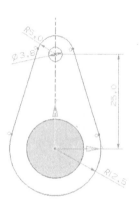

图 3.71 底座草图

步骤 5：创建拉伸特征。选择下拉菜单中的【插入】—【设计特征】—【拉伸】命令，选择如图 3.72 所示的曲线作为【选择曲线】，并设置【开始距离】为 17.5，【结束距离】为 20，其余保持默认设置，单击【确定】。

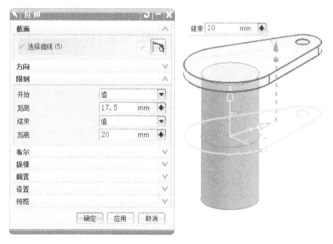

图 3.72 创建拉伸特征

步骤 6：创建镜像体。选择下拉菜单中的【插入】—【关联复制】—【镜像体】命令，选择步骤 5 创建的拉伸体为被镜像的【体】，选择基准坐标系的 XC-YC 平面作为【镜像平面】，如图 3.73 所示，单击【确定】。

图 3.73　创建镜像体

步骤 7：创建基准平面。隐藏草图曲线。选择下拉菜单中的【插入】—【基准 / 点】—【基准平面】命令，设置【类型】为"成一角度"，选择基准坐标系的 YC-ZC 平面作为【平面参考】，选择基准坐标系的 ZC 轴作为【通过轴】，输入【角度】为 45°，如图 3.74 所示，单击【确定】。

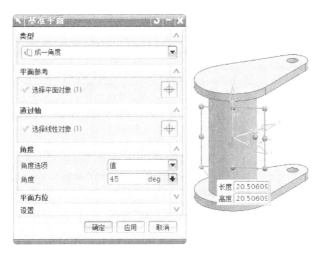

图 3.74　创建基准平面

步骤 8：绘制草图。选择下拉菜单中的【插入】—【草图】命令，选择步骤 7 所作基准平面作为草图平面，单击【确定】，进入【草图】模块。绘制如图 3.75 所示的草图，单击【完成草图】，退出【草图】模块。

步骤 9：创建拉伸特征。选择下拉菜单中的【插入】—【设计特征】—【拉伸】命令，选择如图 3.76 所示的曲线作为【选择曲线】，并设置【开始距离】为 5.3，【结束距离】为 7.8，其余保持默认设置，单击【确定】。

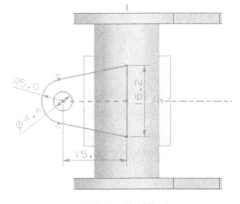

图 3.75　绘制草图

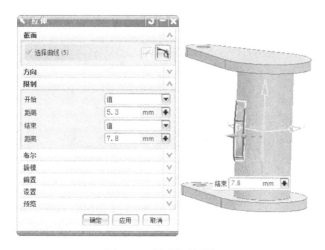

图 3.76　创建拉伸特征

步骤 10：创建镜像体。隐藏草图曲线。选择下拉菜单中的【插入】—【关联复制】—【镜像体】命令，选择步骤 9 创建的拉伸体为被镜像的【体】，选择基准坐标系的 YC-ZC 平面作为【镜像平面】，如图 3.77 所示，单击【确定】。

图 3.77　创建镜像体

步骤 11：布尔求和。选择已创建的 5 个实体，对其进行求和，使其成为一个整体。

步骤 12：创建基准平面。选择下拉菜单中的【插入】—【基准/点】—【基准平面】命令，设置【类型】为"成一角度"，选择图 3.78 所示平面作为【平面参考】，选择图 3.78 所示边缘作为【通过轴】，输入【角度】为 -8，单击【确定】。

步骤 13：绘制草图。选择下拉菜单中的【插入】—【草图】命令，选择步骤 12 所作基准平面作为草图平面，单击【确定】，进入【草图】模块。绘制如图 3.79 所示的草图，单击【完成草图】，退出【草图】模块。

步骤 14：创建拉伸特征。选择下拉菜单中的【插入】—【设计特征】—【拉伸】命令，选择如图 3.80 所示的曲线作为【选择曲线】，并设置【开始距离】为 0，【结束距离】为 7.8，【布尔】为"求差"，其余保持默认设置，单击【确定】。

步骤 15：创建镜像特征。隐藏草图曲线。选择下拉菜单中的【插入】—【关联复制】—【镜像特征】命令，选择步骤 14 创建的拉伸特征为被镜像的【特征】，选择基准坐标系的 YC-ZC 平面作为【镜像平面】，如图 3.81 所示，单击【确定】。

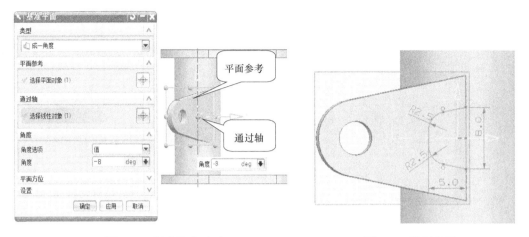

图 3.78　创建基准平面　　　　　　图 3.79　绘制草图

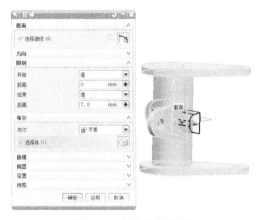

图 3.80　创建拉伸特征

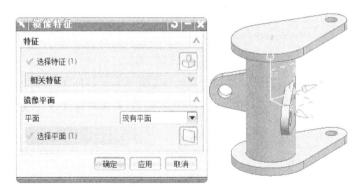

图 3.81　创建镜像特征

步骤 16：创建简单孔特征。选择下拉菜单中的【插入】—【设计特征】—【孔】，设置如图 3.82 所示的简单孔参数，选择实体的上表面的为简单孔的放置面，设置【定位方式】为"点到点"，选择圆弧的中心为参考点，单击【确定】。

步骤 17：绘制草图。选择下拉菜单中的【插入】—【草图】命令，选择 XC-ZC 平面作为草图平面，单击【确定】，进入【草图】模块。绘制如图 3.83 所示的草图，单击【完成草图】，退出【草图】模块。

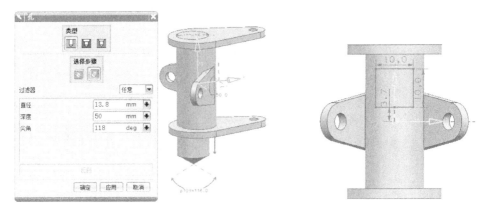

图 3.82　创建简单孔特征　　　　　图 3.83　绘制草图

步骤 18：创建拉伸特征。选择下拉菜单中的【插入】—【设计特征】—【拉伸】命令，选择如图 3.84 所示的曲线作为【选择曲线】，并设置【开始距离】为 0,【结束距离】为 15,【布尔】为"求差"，其余保持默认设置，单击【确定】。

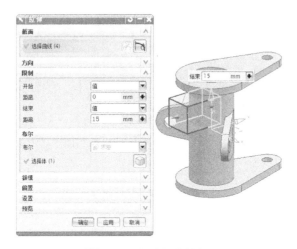

图 3.84　创建拉伸特征

步骤 19：创建圆角特征。选择下拉菜单中的【插入】—【细节特征】—【边倒圆】命令，选择如图 3.85 所示的边，并输入【Radius 1】为 1.3，单击【确定】。

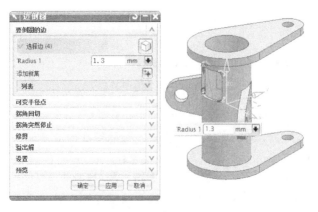

图 3.85　创建圆角特征

步骤20：创建镜像特征。隐藏草图曲线。选择下拉菜单中的【插入】—【关联复制】—【镜像特征】命令，选择步骤18创建的拉伸特征及步骤19创建的圆角特征作为被镜像的【特征】，选择基准坐标系的XC-YC平面作为【镜像平面】，如图3.86所示，单击【确定】。

图3.86 创建镜像特征

步骤21：创建圆角特征。选择下拉菜单中的【插入】—【设计特征】—【边倒圆】命令，选择如图3.87所示的边，并输入【Radius1】为2.8，单击【确定】。

阀体创建完成，结果如图3.88所示。

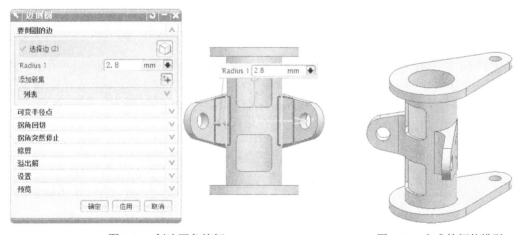

图3.87 创建圆角特征　　　　　　　　图3.88 完成的阀体模型

本实例建模的关键是通过基准平面创建草图，而最为关键的是如何设计好基准平面，这里采用的方法相对比较灵活。此外，草图定位也很重要，不仅需要尺寸定位，有时还需要进行必要的约束，有些约束可以很大程度上辅助设计，如与轴线重合的参考线等。另外，还用到了镜像命令，通过此命令可以对对称分布的特征进行快速设计。

## 3.4 管道零件建模

### 3.4.1 零件分析

如图3.89所示为管道连接零件，根据轴测图分析可知，该管道连接零件建模可分三步：

中间管道、方形连接盘和菱形连接盘。

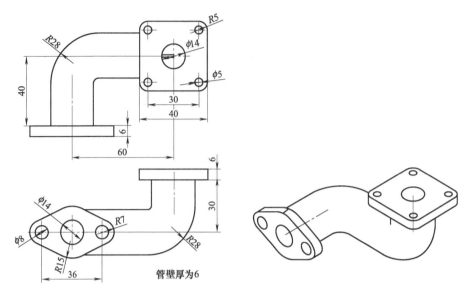

图 3.89　管道连接零件图

### 3.4.2　建模步骤

步骤 1：首先选择 XC-YC 平面为基准平面，绘制管道中心线草图如图 3.90 所示。点击【完成草图】按钮。

步骤 2：选择 XC-ZC 平面为基准平面，绘制管道中心线如图 3.91 所示，选择 YC-ZC 平面，绘制完整草图如图 3.92 所示。

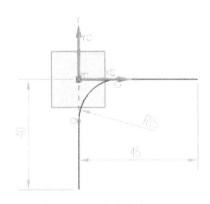

图 3.90　管道中心线草图

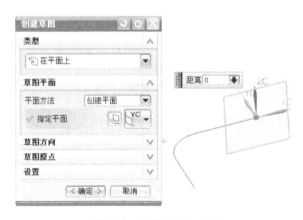

图 3.91　绘制管道中心线

步骤 3：选择下拉菜单中的【插入】—【扫掠】—【管道】命令，选择绘制的草图为中心线，设置参数如图 3.93 所示，完成弯管部分的创建。

步骤 4：选择前端面为基准平面，绘制连接端草图如图 3.94 所示。

步骤 5：选择下拉菜单中的【插入】—【设计特征】—【拉伸】命令，设置参数如图 3.95 所示，完成前面连接端的创建。

第 3 章 实体造型　57

图 3.92　完整草图

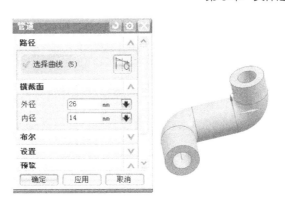

图 3.93　管道建模

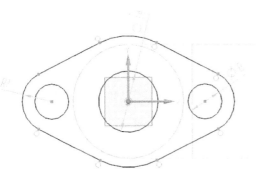

图 3.94　绘制连接端草图

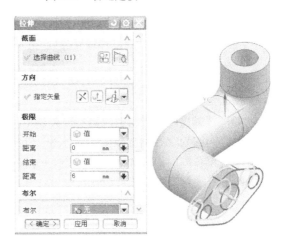

图 3.95　创建拉伸特征

步骤 6：选择上端面为基准平面，绘制连接端草图如图 3.96 所示。

步骤 7：选择下拉菜单中的【插入】—【设计特征】—【拉伸】命令，设置参数如图 3.97 所示，完成上面连接端的创建。

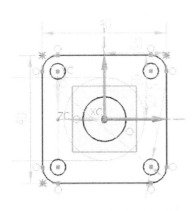

图 3.96　绘制连接端草图

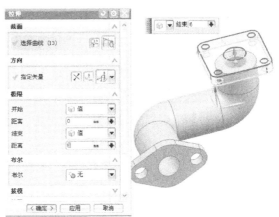

图 3.97　创建拉伸特征

步骤 8：点击【求和】命令，选择创建的各部分，进行求和，最终完成管道模型如图 3.98 所示。

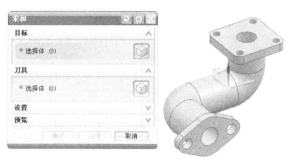

图 3.98　完成管道模型

## 3.5　箱体零件建模

### 3.5.1　零件分析

如图 3.99 所示零件为箱体，根据零件图分析可知，该箱体零件底部为圆形的法兰盘结构，中、上部为空心圆柱体，一个水平方向的空心圆柱体与上部空心圆柱体垂直相交，箱体的上端面和右端面均带 4 个连接用的均布凸耳，下法兰与箱体外表面间有 4 个不对称的、均布的连接端结构。

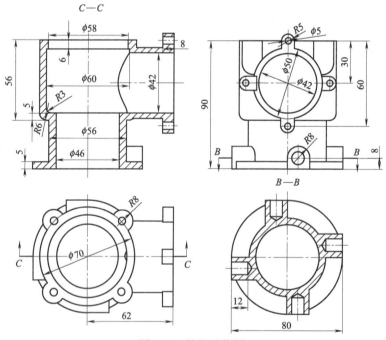

图 3.99　箱体零件图

### 3.5.2　建模分析

下法兰与中、上部空心圆柱体可采用回转建模方式一次完成；均布的法兰孔、箱体的上身面和右端面的 4 个均布凸耳，可以分别先创建一个特征，再用实体圆形阵列操作完成全部特征创建，也可以分别在草图中一次绘制，再分别一次拉伸完成；水平方向的空心圆柱体可采用建基准面方式绘制草图，采用拉伸建模方式完成；下法兰与箱体外表面间的 4 个不对称的、均布的连接端结构，要先创建一个，再用圆形阵列方式完成其他 3 个的建模；最后，外表面各处按图纸要求进行边倒圆处理。

### 3.5.3 建模步骤

步骤 1：绘制草图并完成建模。首先选择 XC-ZC 平面为基准平面，将水平、垂直空心圆柱体交点定为坐标原点，按零件图尺寸绘制回转建模的草图，如图 3.100 所示，回转建模后的实体如图 3.101 所示。

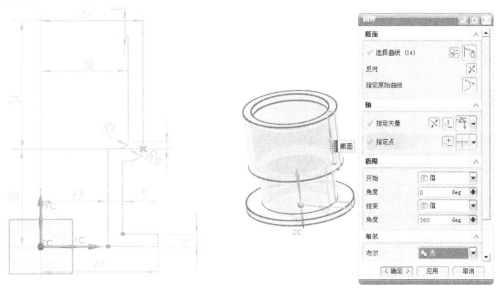

图 3.100　回转建模草图　　　　　　图 3.101　回转操作

步骤 2：绘制顶面凸耳草图并建模。使用自动平面方法，选择零件顶部平面为基准平面，按尺寸绘制凸耳草图。拉伸该草图，距离为 0 至 24，预览后单击【确定】按钮，完成创建，如图 3.102 和图 3.103 所示。

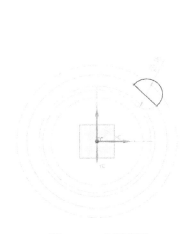

图 3.102　凸耳草图　　　　　　　　图 3.103　拉伸

步骤 3：对上凸耳及螺纹孔进行圆形阵列。在【特征操作】工具栏中单击【实例几何体】图标，选择圆形阵列，对上凸耳、简单孔及螺纹孔 3 个特征进行圆形阵列，然后求和。如图 3.104 和图 3.105 所示。

图 3.104　【实例几何体】对话框　　　　图 3.105　圆形阵列并求和

步骤 4：创建上凸耳中的螺纹孔。在特征工具栏中单击【孔】图标，创建 $\phi5$ 的常规孔，如图 3.106 所示在特征操作工具栏中单击螺纹图标，创建 M6 的螺纹孔，如图 3.107 所示。

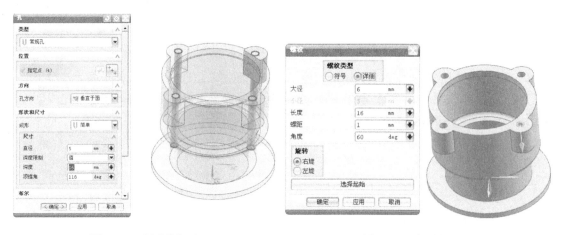

图 3.106　创建常规孔　　　　　　　　图 3.107　创建螺纹孔

步骤 5：对上凸耳各处边倒圆。打开【边倒圆】对话框如图 3.108 所示，对上凸耳的下部进行 R8 的边倒圆，如图 3.109 所示。

步骤 6：创建连接端结构。在距离零件中心右侧 40mm 的位置，创建与 YC-ZC 平行的基准面，绘制连接端结构的轮廓草图，如图 3.110 所示。拉伸该草图，开始距离为"0"，终点位置选择"直到被延伸"，拾取下部空心圆柱的外表面为拉伸的终点，布尔求和，预览后单击【确定】按钮，得到连接端结构特征，如图 3.111 所示。

第 3 章 实体造型 61

图 3.108 【边倒圆】对话框

图 3.109 边倒圆

图 3.110 绘制轮廓草图

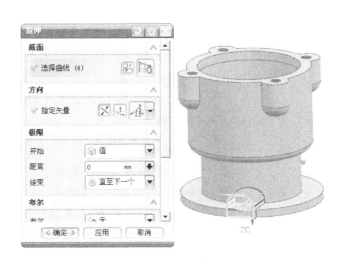

图 3.111 拉伸

步骤 7：创建连接端结构上的通孔。根据图纸尺寸，先创建 9、深 12、顶锥角 118 的常规孔（也可先创建 φ5 的通孔），如图 3.112 所示。再创建 φ5 的通孔，选择常规孔类型，采用通过下部空心圆柱的内表面方式（注意定位）完成创建，如图 3.113 所示。

图 3.112 创建孔

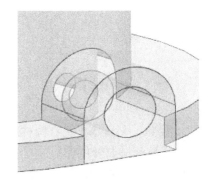

图 3.113 通孔

步骤 8：对连接端结构及孔进行圆形阵列。在【特征操作】工具栏中单击【实例几何体】图标，选择圆形阵列，对连接端结构的拉伸特征进行圆形阵列，如图 3.114、图 3.115 所示。

图 3.114　【实例几何体】对话框

图 3.115　圆形阵列

步骤 9：创建水平圆柱。在距离零件中心右侧 62mm 的位置，创建与 YC-ZC 平行的基准面，绘制水平圆柱的外圆轮廓草图，如图 3.116 所示。拉伸该草图，终点采用"直至下一个"选项，布尔求和，预览后单击【确定】按钮，完成水平圆柱创建，如图 3.117 所示。

步骤 10：创建 φ42 孔。以水平圆柱右端面为基准面（也可用刚创建的基准面），绘制水平空心圆柱的 φ42 孔草图，拉伸该草图，终点采用"直至选定对象"选项，终点对象为 φ60 孔的内表面，布尔求差，预览后单击【确定】按钮完成 φ42 孔的创建，如图 3.118 所示。

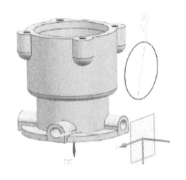

图 3.116　外圆轮廓草图

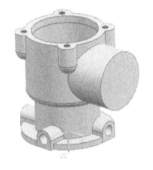

图 3.117　水平圆柱的创建

图 3.118　创建孔

步骤 11：创建水平空心圆柱右端面凸耳。以水平圆柱右端面为基准面，按尺寸绘制水平空心圆柱右端面外侧的凸耳草图，如图 3.119 所示，拉伸该草图，厚度为 8，布尔求和，预览后单击【确定】按钮，完成凸耳的创建，然后将外表面各处按图纸要求进行 R2 的边倒圆处理，完成的箱体模型如图 3.120 所示。

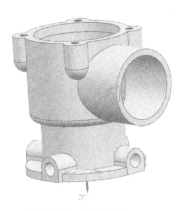

图 3.119　凸耳草图

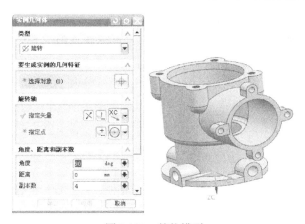

图 3.120　箱体模型

## 3.6　锥形阀零件建模

### 3.6.1　零件分析

如图 3.121 所示零件为锥形阀，根据给出的零件图分析可知，该零件底部为圆形的法兰

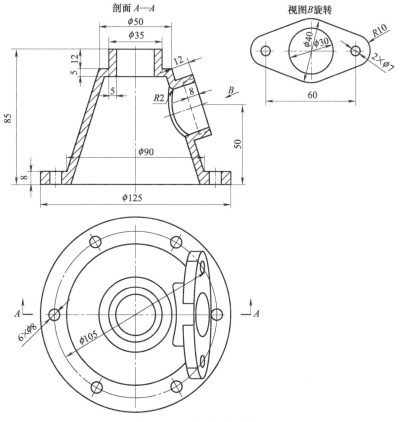

图 3.121　锥形阀零件图

盘结构，中部为圆锥台，在圆锥台的外表面有一个凸起的非圆结构连接法兰，上部为圆柱结构，除两处法兰壁厚为 8 外，其余各处壁厚均为 5。

### 3.6.2 建模分析

除圆锥台外表面凸起的非圆结构连接法兰，以及零件底部法兰盘的孔采用拉伸建模方式外，其他各处结构可采用回转建模方式一次完成。

### 3.6.3 建模步骤

步骤 1：首先选择 XC-ZC 平面为基准平面，将底面中心定为坐标原点。按零件图尺寸绘制回转建模的草图，如图 3.122 所示。

步骤 2：在图 3.123 中所示【回转】对话框中，选择图 3.122 所示的草图作为截面曲线，指定 Z 轴为回转轴，【开始】角度为 0，【终点】角度为 360。预览结果如图 3.124 所示，单击【确定】按钮，完成回转建模，如图 3.125 所示。

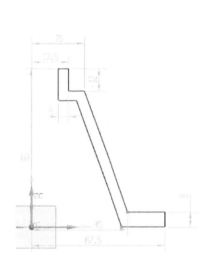

图 3.122 截面草图

图 3.123 【回转】对话框

图 3.124 回转预览

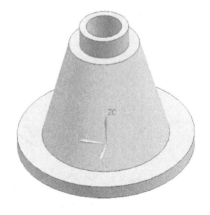

图 3.125 回转建模

步骤 3：选择法兰盘上表面为基准平面，绘制法兰盘孔的草图。可先按零件图尺寸绘制参考线，再利用选择杆上的捕捉交点功能绘制一个 φ8 的圆，也可直接输入坐标值绘制 φ8 的圆，如图 3.126 所示。

步骤 4：选择【插入】—【草图】—【阵列曲线】命令，或按快捷键 Ctrl+T，打开【阵列曲线】对话框，选择刚绘制的 φ8 的圆，如图 3.126 所示。

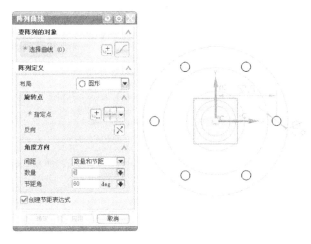

图 3.126　绘制 φ8 法兰盘孔草图

步骤 5：如图 3.127 所示，在【拉伸】对话框中，选择 6 个 φ8 的圆为截面曲线，方向为 Z 轴的反方向，【开始】的为 0，【结束】为"贯通"，【布尔】运算方式为"求差"，预览后单击【确定】按钮，完成 6 个 φ8 孔的拉伸建模，如图 3.128 所示。

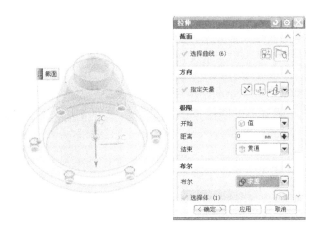

图 3.127　拉伸及预览　　　　　　　　图 3.128　拉伸建模

步骤 6：选择 XC-ZC 平面为基准平面，按零件图给定尺寸绘制辅助草图，如图 3.129 所示，创建基准平面。

步骤 7：在辅助草图中，使用"点和方向"的方式创建基准平面，如图 3.130、图 3.131 所示。

步骤 8：在新创建的基准平面上，绘制草图 φ40 的圆，圆心在辅助线端点上，如图 3.132 所示。

图 3.129　创建辅助草图　　图 3.130　【基准平面】对话框　　图 3.131　基准平面

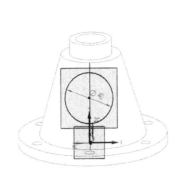 

图 3.132　绘制草图　　　　　　图 3.133　【拉伸】对话框

步骤 9：$\phi 40$ 的圆柱建模。

在图 3.133 所示【拉伸】对话框中，选择 $\phi 40$ 的圆为截面曲线，拉伸【开始】的值为"0"，【结束】为"直至选定对象"，选定对象为圆锥外表面，【布尔】方式为"求和"。预览后单击【确定】按钮，完成 $\phi 40$ 圆柱的拉伸建模，如图 3.134 所示。

 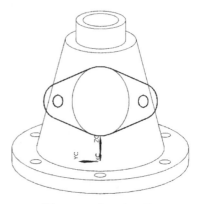

图 3.134　拉伸圆柱　　　　　　图 3.135　非圆法兰草图

步骤 10：绘制非圆法兰草图。选定 $\phi40$ 的圆柱的表面为基准平面，按零件图尺寸绘制非圆法兰草图，如图 3.135 所示。

在【拉伸】对话框中，选择非圆法兰草图为截面曲线，【布尔】运算方式为"求和"，如图 3.136 所示。

预览后单击【确定】按钮，拉伸【开始】的值为 0，【结束】的值为 4。完成非圆法兰的拉伸建模，如图 3.137 所示。

图 3.136　【拉伸】对话框　　　　图 3.137　拉伸建模

步骤 11：作 $\phi30$ 的孔。在菜单栏中选择【插入】—【设计特征】—【孔】弹出如图 3.138 所示的【孔】对话框，设置孔参数，确定孔的位置，单击【确定】按钮，完成 $\phi30$ 的孔。

图 3.138　作 $\phi30$ 的孔

步骤 12：$R2$ 边倒圆。如图 3.139 所示，进行 $R2$ 的边倒圆。最后完成底座零件的建模，如图 3.140 所示。

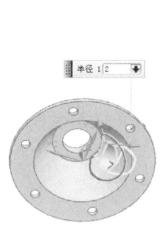

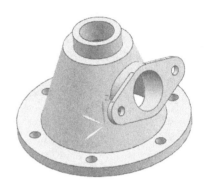

图 3.139 边倒圆　　　　　　图 3.140 锥形阀模型

## ▌ 小　结

本章主要介绍了 UG NX12.0 的实体建模功能，其中主要包括实体建模的特点和方法：基本特征、拉伸特征、回转特征及扫掠特征等在建模中的应用；边特征、面特征、复制特征、修改特征等特征的操作方法及应用，以及特征编辑的方法等。

实体建模功能是 UG NX12.0 的一个主要功能，也是本书的重点。本章用不同的实例详细介绍了实体建模的各种操作方法及功能的应用，并指出了一些需要注意的问题。用户应对本章的内容进行详细阅读、仔细领悟，以便在实体建模操作过程中，能够灵活运用各种操作技巧及方法。

## ▌ 课后习题

对图 3.141～图 3.144 所示零件进行建模。

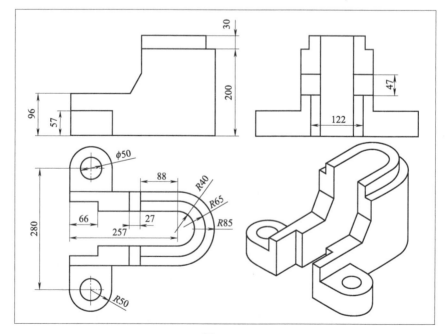

图 3.141

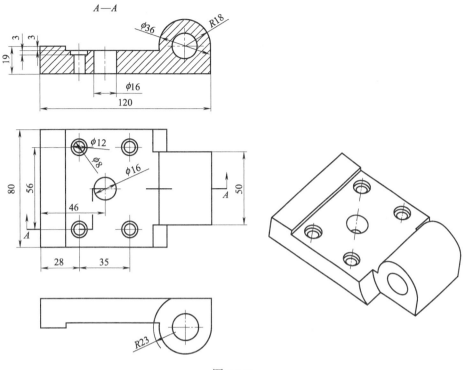

图 3.142

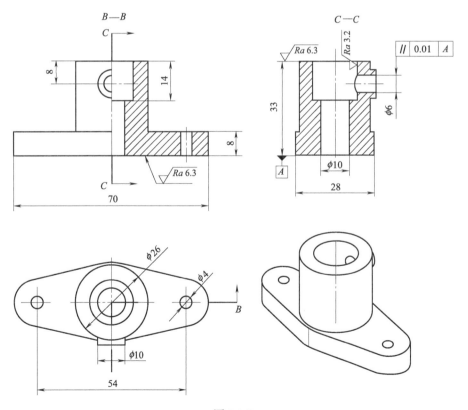

图 3.143

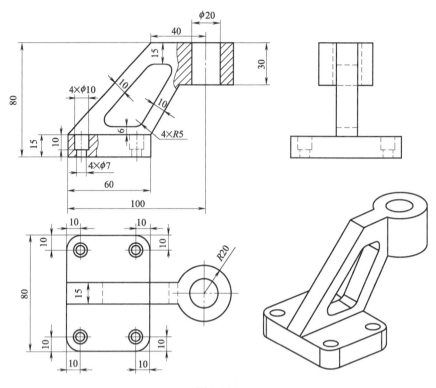

图 3.144

# 第 4 章 曲面造型

UG NX 曲面造型技术是体现机械 CAD/CAM 软件建模能力的重要标志,直接采用前面章节介绍的造型方法进行产品设计是有局限性的,大多数实际产品的设计都离不开曲面造型,本章主要介绍曲面创建和编辑。

## 学习目标

◇ 了解 UG NX12.0 曲面造型常用模块功能和工具栏的定义
◇ 掌握 UG NX12.0 通过点和通过曲线构造曲面的方法和操作步骤
◇ 了解 UG NX12.0 自由曲面形状基本应用
◇ 掌握 UG NX12.0 曲面操作与编辑的功能和应用

## 主要内容

◇ 4.1　曲面造型基础
◇ 4.2　鼠标造型设计
◇ 4.3　扇叶造型设计
◇ 4.4　苹果造型设计
◇ 4.5　三棱曲面凸台造型设计
◇ 4.6　八边形错位异形凸台造型设计

## 4.1　曲面造型基础

### 4.1.1　曲面设计概述

UG NX12.0 不仅提供了基本的建模功能,同时提供了强大的自由曲面建模及相应的编辑和操作功能,并提供 20 多种创建曲面的方法。与一般实体零件的创建相比,曲面零件的创建过程和方法比较特殊,技巧性也很强,掌握起来不太容易。UG 软件中常常将曲面称之为"片体"。本章将介绍 UG NX12.0 提供的曲面造型的方法。

## 4.1.2 曲面创建

拉伸曲面和回转曲面的创建方法与相应的实体特征基本相同。

（1）创建拉伸曲面

拉伸曲面是将截面草图沿着草图平面的垂直方向拉伸而成的曲面，如图 4.1 所示。用户可以通过选择下拉菜单【插入】—【设计特征】—【拉伸】命令来创建拉伸曲面。

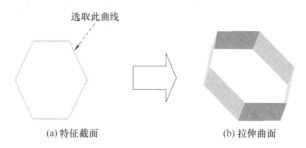

图 4.1　拉伸曲面

（2）创建回转曲面

如图 4.2 所示。

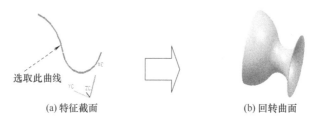

图 4.2　回转曲面

（3）有界平面

【有界平面】命令可以用于创建平整的曲面。利用拉伸也可以创建曲面，但拉伸创建的是有深度参数的二维或三维曲面，而有界平面创建的是没有深度参数的二维曲面。

用户可以通过选择下拉菜单【插入】—【曲面】—【有界平面】命令来创建有界平面，如图 4.3 所示。

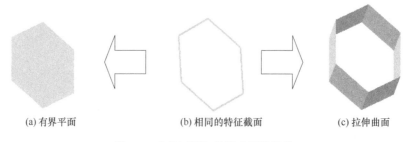

图 4.3　有界平面与拉伸曲面的比较

（4）创建扫掠曲面

扫掠曲面就是用规定的方式沿一条空间路径（引导线串）移动一条曲线轮廓线（截面线串）而生成的轨迹（图 4.4）。

用户可以通过选择下拉菜单【插入】—【扫掠】—【扫掠】命令来创建扫掠曲面。

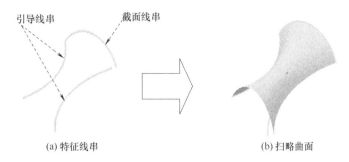

图 4.4 扫掠曲面

(5) 创建直纹面

直纹面可以理解为通过一系列直线连接两组线串而形成的一张曲面。在创建直纹面时只能使用两组线串,这两组线串可以封闭,也可以不封闭。

用户可以通过选择下拉菜单【插入】—【网格曲面】—【直纹面】命令来创建,如图 4.5 所示。

图 4.5 直纹面的创建

(6) 通过曲线组

该选项用于通过同一方向上的一组曲线轮廓线创建曲面。曲线轮廓线称为截面线串,截面线串可由单个对象或多个对象组成,每个对象都可以是曲线、实体边等。

用户可以通过选择下拉菜单【插入】—【网格曲面】—【通过曲线组】命令来创建,如图 4.6 所示。

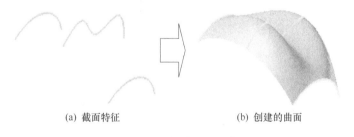

图 4.6 通过曲线组创建曲面

(7) 通过曲线网格

用【通过曲线网格】命令创建曲面就是沿着不同方向的两组线串轮廓生成片体。一组同方向的线串定义为主曲线,另外一组和主线串不在同一平面的线串定义为交叉线串,定义的主曲线与交叉线串必须在设定的公差范围内相交。这种创建曲面的方法定义了两个方向的控制曲线,可以很好地控制曲面的形状,因此它也是最常用的创建曲面的方法之一。

用户可以通过选择下拉菜单【插入】—【网格曲面】—【通过曲线网格】命令来创建,如图 4.7 所示。

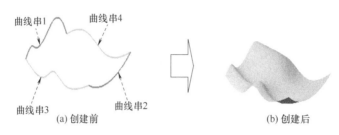

图 4.7　通过曲线网格创建曲面

### 4.1.3　曲面编辑

（1）曲面的偏置

用户可以通过选择下拉菜单【插入】—【偏置/缩放】—【偏置曲面】命令来创建偏置曲面，如图 4.8 所示。

（2）偏移曲面

用户可以通过选择下拉菜单【插入】—【偏置/缩放】—【偏移面】命令来偏移现有曲面。

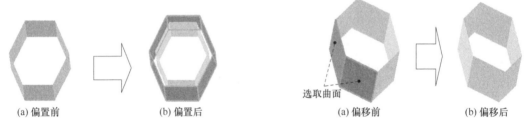

图 4.8　偏置曲面的创建　　　　　　图 4.9　偏移曲面

（3）曲面的复制

方法 1：曲面的直接复制

用户可以通过选择下拉菜单【编辑】—【复制】命令将所选的曲面进行复制，供下一步操作使用。在复制前，必须先选中要复制的曲面。

方法 2：曲面的抽取复制

曲面的抽取复制是指从一个实体或片体中复制曲面来创建片体。抽取独立曲面时，只需单击此面即可；抽取区域曲面时，是通过定义种子曲面和边界曲面来创建片体，创建的片体是从种子面开始向四周延伸到边界面的所有曲面构成的片体（其中包括种子曲面，但不包括边界曲面）。

用户可以通过选择下拉菜单【插入】—【关联复制】—【抽取】命令进行复制，如图 4.10 所示。

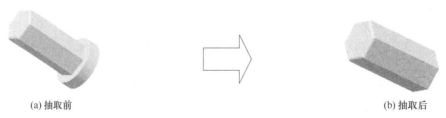

图 4.10　抽取区域曲面

(4）修整片体

修整片体就是通过一些曲线和曲面作为边界，对指定的曲面进行修剪，形成新的曲面边界。所选的边界可以在将要修剪的曲面上，也可以在曲面之外通过投影方向来确定修剪的边界，如图 4.11 所示。

用户可以通过选择下拉菜单【插入】—【修剪】—【修剪的片体】命令进行曲面修剪。

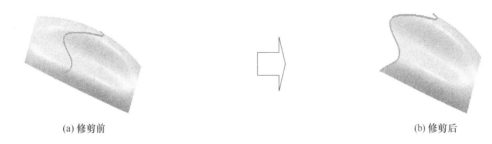

(a) 修剪前　　　　　　　　　　　　　　(b) 修剪后

图 4.11　修整片体

(5）分割曲面

分割面就是用多个分割对象，如曲线、边缘、面、基准平面或实体，把现有体的一个面或多个面进行分割。在这个操作中，要分割的面和分割对象是关联的，即如果任一对象被更改，那么结果也会随之更新，如图 4.12 所示。

用户可以通过选择下拉菜单【插入】—【修剪】—【分割面】命令进行曲面分割。

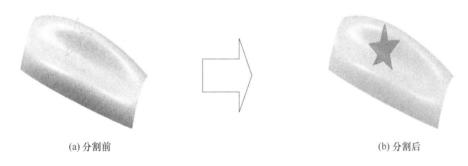

(a) 分割前　　　　　　　　　　　　　　(b) 分割后

图 4.12　分割曲面

(6）曲面的延伸

曲面的延伸就是在已经存在的曲面的基础上，通过曲面的边界或曲面上的曲线进行延伸，扩大曲面，如图 4.13 所示。

用户可以通过选择下拉菜单【插入】—【弯边曲面】—【延伸】命令进行曲面的延伸。

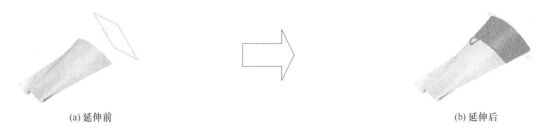

(a) 延伸前　　　　　　　　　　　　　　(b) 延伸后

图 4.13　曲面延伸的创建

### （7）曲面的缝合

曲面的缝合功能可以将两个或两个以上的曲面连接形成一个曲面，如图 4.14 所示。用户可以通过选择下拉菜单【插入】—【组合体】—【缝合】命令进行曲面的缝合。

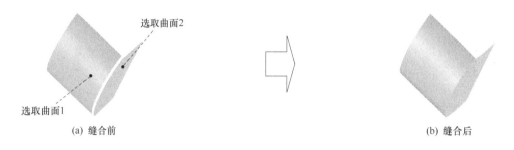

图 4.14　曲面的缝合

## 4.1.4　曲面的实体化

（1）开放曲面的加厚

曲面加厚功能可以将开放的曲面进行偏置生成实体，并且生成的实体可以和已有的实体进行布尔运算，如图 4.15 所示。

用户可以通过选择下拉菜单【插入】—【偏置 / 缩放】—【加厚】命令进行曲面的实体化。

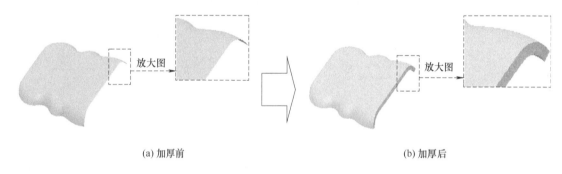

图 4.15　开放曲面的加厚

（2）封闭曲面的实体化

封闭曲面的实体化就是将一组封闭的曲面转化为实体特征，如图 4.16 ～图 4.18 所示。用户可以通过选择下拉菜单【插入】—【组合体】—【缝合】命令进行曲面的实体化。

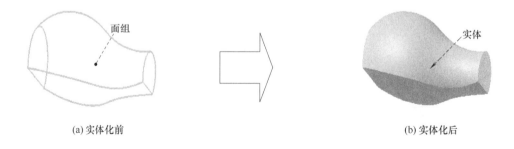

图 4.16　封闭曲面的实体化

图 4.17 实体化前截面视图　　　　图 4.18 实体化后截面视图

## 4.2 鼠标造型设计

### 4.2.1 零件分析

认真分析如图 4.19 所示零件图纸，按要求创建鼠标的三维模型。

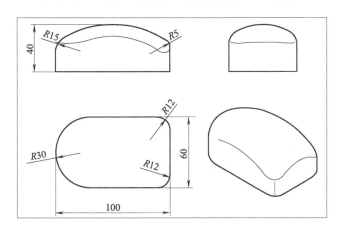

图 4.19 鼠标零件图

### 4.2.2 建模步骤

基本思路是首先创建长方体，在长方体的基础上用扫掠的曲面进行修剪，然后使用变半径倒圆角工具进行倒圆角操作。

步骤 1：以（-50,-30,0）为基点插入长方体 100×60×40。如图 4.20 所示。

步骤 2：单击【插入】—【在任务环境中绘制草图】命令，然后选择视图中的 XC-ZC 基准平面绘制，如图 4.21 所示。

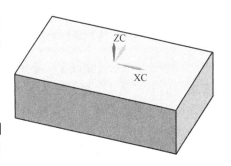

图 4.20 创建长方体

步骤 3：单击【插入】—【在任务环境中绘制草图】命令，选择视图中的 YC-ZC 基准平面绘制图 4.22 所示的草图。

步骤 4：单击【插入】—【扫掠】—【扫掠】命令，弹出图 4.23 所示的【扫掠】对话框，点选圆弧线，然后单击两次鼠标中键，再点选另一弧线，再次单击两次鼠标中键，完成弧面的创建，结果如图 4.24 所示。

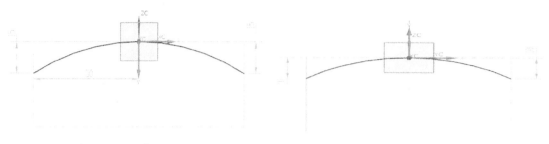

图 4.21　绘制草图（一）　　　　　　　　图 4.22　绘制草图（二）

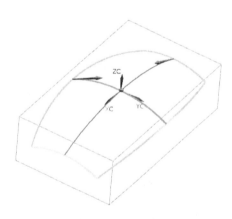

图 4.23　【扫掠】对话框　　　　　　　　图 4.24　创建弧面

步骤 5：单击【编辑】—【曲面】—【扩大】命令，弹出图 4.25 所示的【扩大】对话框，在对话框中勾选【全部】复选框，然后用鼠标按住图形曲面上的点往外拖动，扩大已构建的圆弧曲面，目的是要能完全穿透实体，如图 4.26 所示，单击【确定】按钮，完成曲面扩大的操作。

步骤 6：利用【修剪】命令，以长方体为修剪对象，以曲面为工具，完成修剪操作。【修剪体】对话框如图 4.27 所示，修剪曲面如图 4.28 所示。

步骤 7：利用【边倒圆】命令，倒两个 $R30$ 的棱边角及两个 $R12$ 的棱边角得出图 4.29 所示的图形。

 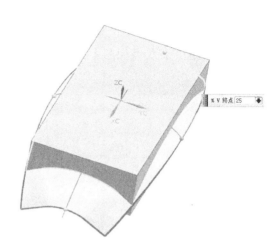

图 4.25 【扩大】对话框　　　　　图 4.26 扩大圆弧曲面

图 4.27 【修剪体】对话框　　　　　图 4.28 修剪曲面

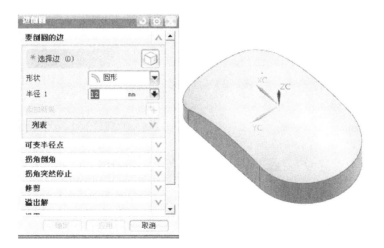

图 4.29 边倒圆

步骤 8：再次利用【边倒圆】命令，首先选择要倒圆的边，如图 4.30 所示，然后单击下拉可变半径点，指定新位置，再点选图形中不同半径圆的点，每选一个点就输入要倒圆的半径，共选 4 个点，分别输入 4 个半径，如图 4.30 所示。单击【确定】按钮，完成不同半径圆角棱边倒圆的创建。

最后完成的鼠标模型如图 4.31 所示。

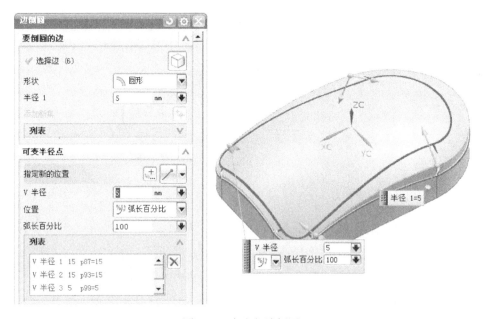

图 4.30　变半径边倒圆

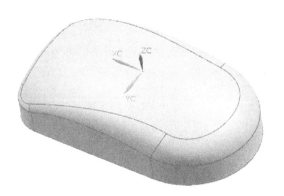

图 4.31　鼠标完成模型

## 4.3　扇叶造型设计

### 4.3.1　零件分析

认真分析如图 4.32 所示零件图纸，按要求创建扇叶的三维模型。

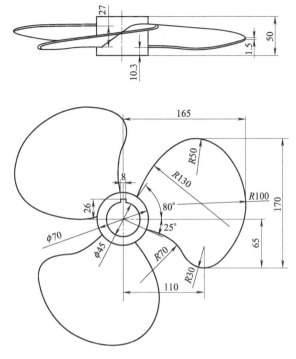

图 4.32 扇叶零件图

## 4.3.2 建模步骤

风扇造型的关键是叶片造型，在叶片造型中，需要用到螺旋线、投影曲线、曲面缝合等工具。

步骤 1：单击【插入】—【在任务环境中绘制草图】命令，在 X-Y 基准面绘制图 4.33 所示的草图。

步骤 2：单击【插入】—【曲线】—【螺旋线】命令，弹出图 4.34 所示的【螺旋线】对话框，输入图中所示数据，然后单击【应用】按钮，绘出第一条空间螺旋线。将对话框中的半径值改为"170"，其他参数不变，如图 4.35 所示，然后单击【确定】按钮，绘出第二条空间螺旋线。

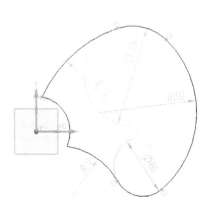      

图 4.33　扇叶草图　　图 4.34　【螺旋线】对话框（一）　　图 4.35　【螺旋线】对话框（二）

步骤 3：通过【编辑】—【移动】，将螺旋线移动到合适位置，此时图形如图 4.36 所示。

步骤 4：单击【插入】—【网格曲面】—【通过曲线组】命令，作出图 4.37 所示空间曲面。

步骤 5：单击【插入】—【曲线】—【投影曲线】命令，将 X-Y 基准面的草图投影到空间曲面上，并将曲面扩大，如图 4.38 所示。

图 4.36　移动螺旋线

图 4.37　创建空间曲面

步骤 6：单击【插入】—【修剪】—【修剪片体】命令，得到图 4.39 所示的片体。

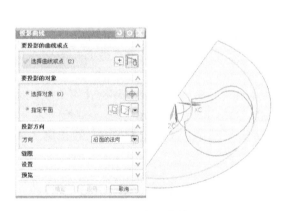
图 4.38　投影曲线

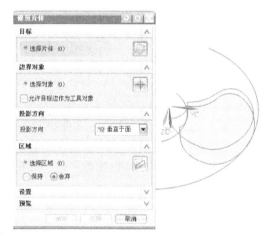
图 4.39　修剪片体

步骤 7：单击【插入】—【偏置/缩放】—【加厚】命令，将修剪的片体加厚到 1.5mm。结果如图 4.40 所示。

步骤 8：单击【插入】—【关联复制】—【实例几何体】命令，将叶轮阵列 3 片，如图 4.41 所示。

步骤 9：使用【圆柱体】命令，创建中间圆柱体，如图 4.42 所示，用【求和】命令，将叶片和圆柱加成一体。

步骤 10：使用【拉伸】命令，在圆柱顶面绘制图 4.43 所示的草图，完成草图后在【拉伸】对话框中设置图 4.44 所示的选项。最终完成的扇叶造型如图 4.44 所示。

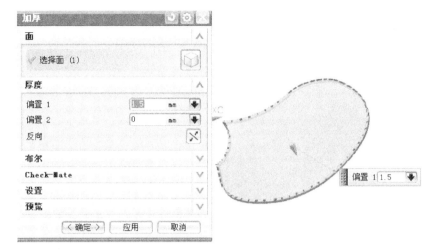

图 4.40 加厚片体

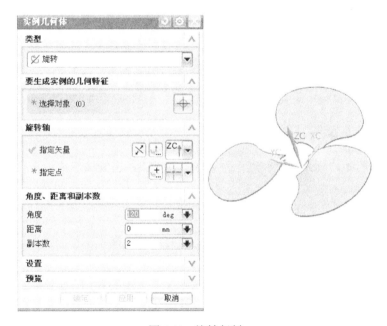

图 4.41 旋转复制

图 4.42 创建中间圆柱体

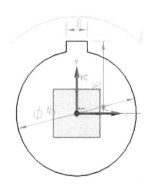

图 4.43 草图

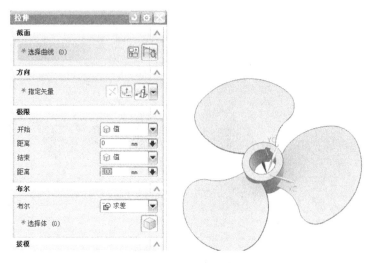

图 4.44 扇叶造型

## 4.4 苹果造型设计

### 4.4.1 零件分析

认真分析如图 4.45 所示零件图纸，按要求创建苹果的三维模型。

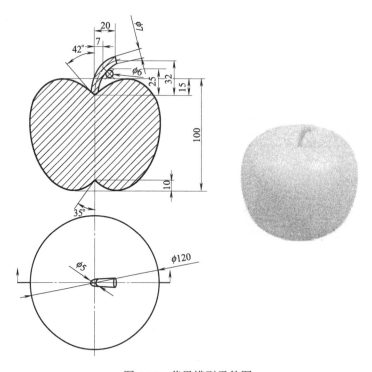

图 4.45 苹果模型零件图

## 4.4.2 建模步骤

苹果的主体部分使用旋转工具创建，柄部需要用到变截面扫掠，引导线创建完成后，需要绘制多个界面线。

步骤 1：使用【旋转】命令，在 X-Z 基准平面绘制图 4.46 所示的草图，选中草图单击右键，转换成参考线。

步骤 2：在草图环境下，单击【插入】—【曲线】—【艺术样条】命令，弹出【艺术样条】对话框，然后在参考线框架下点选 10 个点，构成大致曲线轮廓，如图 4.47 所示。

图 4.46 草图转换参考线

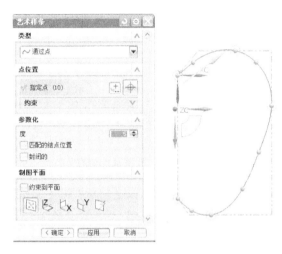

图 4.47 样条曲线轮廓

步骤 3：完成草图后绕 Z 轴旋转得到如图 4.48 所示的苹果体图形。

步骤 4：单击【插入】—【在任务环境中绘制草图】命令，选择 X-Z 基准平面，在草图环境下，使用【插入】—【曲线】—【艺术样条】命令，弹出【艺术样条】对话框，指定 3 点，大致绘制苹果枝样条曲线，如图 4.49 所示。

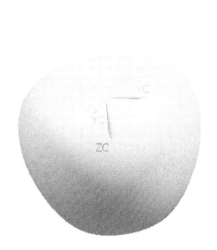

图 4.48 苹果体

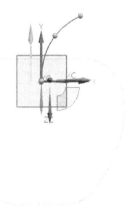

图 4.49 苹果枝样条曲线

步骤 5：创建基准平面，单击【插入】—【基准平面】，在样条曲线的三个点处，使【点和方向】创建三个基准平面，如图 4.50 所示。

步骤 6：从下往上，在三个基准平面上分别创建草图，三个截面圆的直径分别为 $\phi6$、$\phi7$、$\phi8$，如图 4.51 所示。

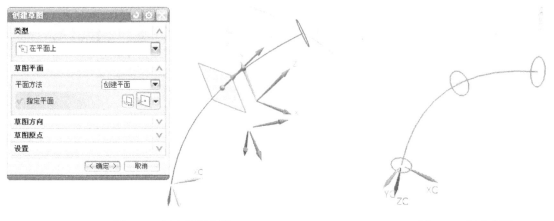

图 4.50　创建基准平面　　　　　　　　图 4.51　创建草图

步骤 7：单击【插入】—【扫掠】—【扫掠】命令，分别点选 3 个圆为截面线（注意每选 1 个圆后按鼠标中键确认），然后再点选弧线为引导线，如图 4.52 所示，完成后的模型如图 4.53 所示。

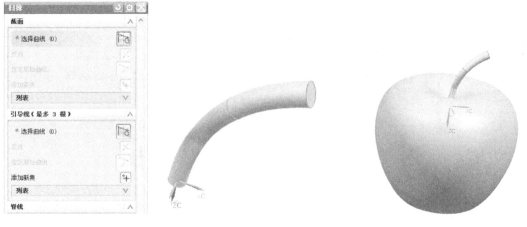

图 4.52　扫掠特征　　　　　　　　图 4.53　苹果模型完成图

## 4.5　三棱曲面凸台造型设计

### 4.5.1　零件分析

认真分析如图 4.54 所示零件图纸，按要求创建三棱曲面凸台的三维模型。

第 4 章 曲面造型 87

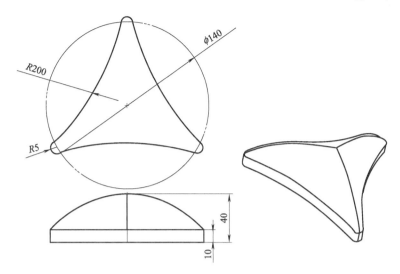

图 4.54 三棱曲面凸台零件图

## 4.5.2 建模步骤

三棱曲面凸台模型的重点是曲面创建，在创建过程中使用的主要工具是网格曲面以及对曲面特征的一些编辑。

步骤 1：单击【插入】—【在任务环境中绘制草图】命令，在 X-Y 基准平面绘制图 4.55 所示的草图。同样在 X-Z 基准平面绘制图 4.56 所示的草图。

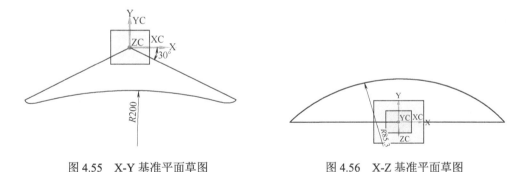

图 4.55　X-Y 基准平面草图　　　　　　图 4.56　X-Z 基准平面草图

步骤 2：完成草图后，单击【插入】—【基准点】—【点】命令，构建圆弧与 Y-Z 基准平面的交点。

步骤 3：在【命令查找器】中搜索【组合投影】命令，弹出图 4.57 所示的【组合投影】对话框，选择 X-Y 基准平面的两条直线，单击鼠标中键确认，再选择 X-Z 基准平面的圆弧线，单击对话框中的【确定】按钮后，得到图 4.57 所示的两条空间投影曲线。

步骤 4：单击【插入】—【网格曲面】—【通过曲线网格】命令，弹出【通过曲线网格】对话框，先选择 X-Y 基准面的圆弧曲线为主曲线，然后单击鼠标中键确认，再选择 Z 轴上的交点为交叉曲线，连续两次单击鼠标中键，然后选两条交叉曲线（同样每点选一条交叉曲线后要单击鼠标中键确认），最后单击【确定】按钮，出现图 4.58 所示的图形。

步骤 5：使用【阵列特征】命令，出现对话框，选项及数据设置如图 4.59 所示，指定点选择底面中心，单击【确定】按钮，图形如图 4.59 所示。

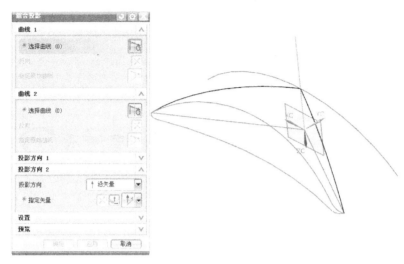

图 4.57　组合投影

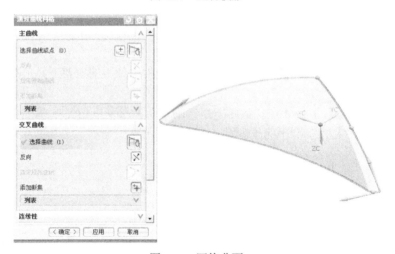

图 4.58　网格曲面

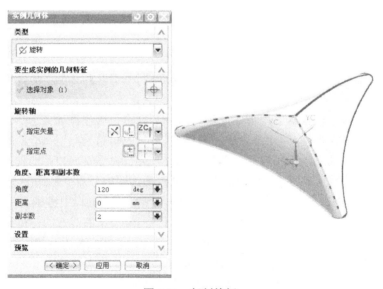

图 4.59　复制特征

步骤6：在【命令查找器】中搜索【有界平面】命令，弹出【有界平面】对话框，点选图形底部的边作为边界线串，单击【确定】按钮，作出的底平面如图4.60所示。

图4.60　有界平面

步骤7：在【命令查找器】中搜索【缝合】命令，弹出【缝合】对话框，选择作好的3个网格曲面及底面的有界平面，然后单击【确定】按钮，将这些封闭的曲面缝合成实体。

图4.61　缝合曲面

步骤8：选择底面进入草图环境，使用【投影】方式创建底面草图，完成草图，使用【拉伸】命令，如图4.62所示，将底平面拉伸10并与已建成的实体【求和】成一体，最后的图形如图4.63所示。

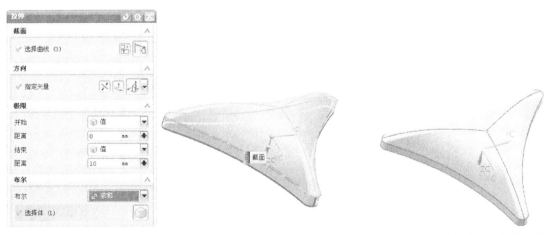

图4.62　拉伸　　　　　　　　　　图4.63　三棱曲面凸台建模完成

## 4.6 八边形错位异形凸台造型设计

### 4.6.1 零件分析

认真分析如图 4.64 所示零件图纸，按要求创建异形凸台的三维模型。

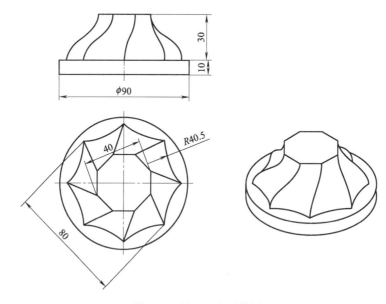

图 4.64　异形凸台零件图

### 4.6.2 建模步骤

步骤 1：在【命令查找器】中搜索【圆柱】命令，创建 $\phi 90 \times 10$ 的圆柱实体如图 4.65 所示，在圆柱上端面绘制草图，如图 4.66 所示。

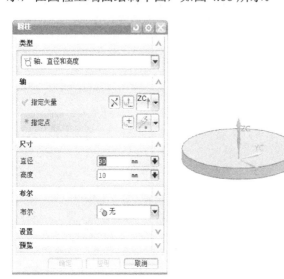

图 4.65　创建圆柱实体

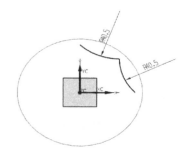

图 4.66　绘制草图

步骤 2：在草图环境下，单击【插入】—【来自曲线集的曲线】—【镜像曲线】命令，将草图镜像，如图 4.67 所示。

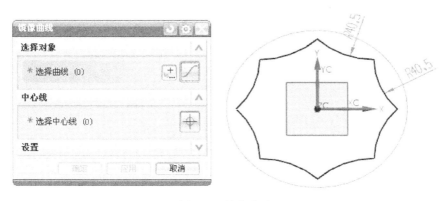

图 4.67　镜像曲线

步骤 3：再重新建立另一草图，弹出【创建草图】对话框，点选 X-Y 基准面，输入距离为"40"，然后单击对话框中的【确定】按钮进入距离 YZ 基准面 40mm 的平面绘制草图的界面，其选项如图 4.68 所示。单击【插入】—【曲线】—【多边形】命令，如图 4.69 所示，输入数据后选定坐标中心点，然后单击【关闭】按钮，绘制正八边形如图 4.70 所示，此时的草图如图 4.71 所示。

步骤 4：使用【直线】命令（或单击【插入】—【曲线】—【直线】命令），注意不是草图，绘制 4 条平行 Z 轴的辅助线，如图 4.72 所示。

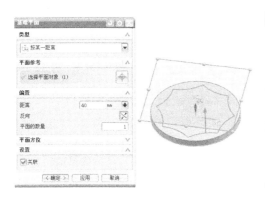

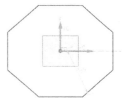

图 4.68　创建基准平面　　　图 4.69　【多边形】对话框　　图 4.70　绘制正八边形

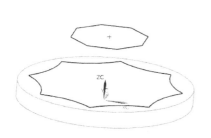
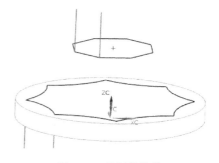

图 4.71　完成草图绘制　　　　　　　图 4.72　绘制辅助线

步骤5：在【命令查找器】中搜索【桥接】命令，分别选取前一步所绘制的两条直线，绘制桥接曲线如图4.73所示。注意将两条直线桥接时，所点选每一条直线的部位应靠近多边形。

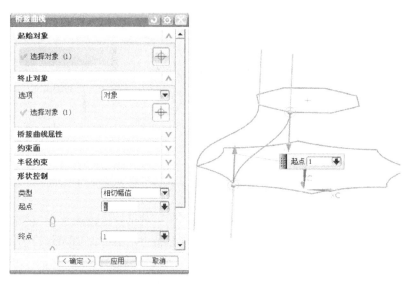

图4.73 绘制桥接曲线

步骤6：单击【插入】—【网格曲面】—【通过曲线网格】命令，打开【通过曲线网格】对话框，先选择两条桥接曲线为主曲线（注意每点选一个主曲线后要单击鼠标中键确认），再点选交叉曲线下的【选择曲线】，然后选择两条交叉曲线（同样每点选一条交叉曲线后要单击鼠标中键确认）。单击【确定】按钮，出现图4.74所示的图形。

步骤7：【插入】—【关联复制】—【生成实例几何特征】，出现图4.75所示对话框，选项及数据设置如图，指定点选择底面圆中心，单击【确定】按钮，图形如图4.75所示。

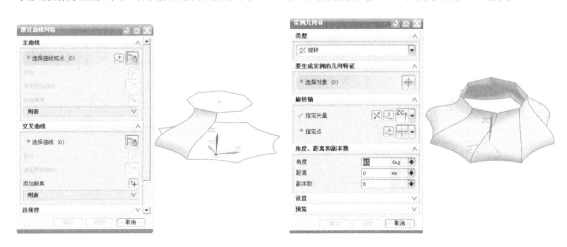

图4.74 网格曲面　　　　　　　　　　图4.75 旋转复制

步骤8：单击【插入】—【曲面】—【有界平面】命令，弹出【有界平面】对话框，点选图形上部8边形的边作为边界曲线，然后单击【确定】按钮，作出上平面，如图4.76所示。

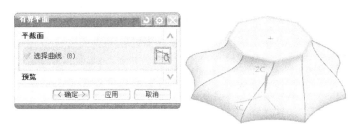

图 4.76　创建上平面

步骤 9：隐藏下部的圆柱，再使用同样的【有界平面】命令，将下端 8 段圆弧作为边界线串作出下平面，如图 4.77 所示。

图 4.77　隐藏下部圆柱体

步骤 10：单击【插入】—【组合】—【缝合】命令，弹出【缝合】对话框，选择作好的 8 个网格曲面及上下有界平面，然后单击【确定】按钮，将这些封闭的曲面缝合成了实体。

步骤 11：恢复下部圆柱，再使用【求和】命令，将圆台和曲面缝合的实体组合成一个实体，完成后的图形如图 4.79 所示。

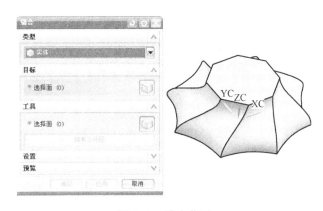 

图 4.78　缝合曲面　　　　　　　　　　图 4.79　异形凸台完成图

## 小　　结

本章介绍了基本曲面的绘制方法，重点讲解了通过点/极点、通过点云、直纹面、通过曲线组、通过曲线网格、N 边曲面、扫掠创建曲面、桥接曲面等创建方法和操作步骤。简要介绍了曲面偏置、曲面倒圆、曲面延伸、扩大、修整等曲面编辑操作。关键点是通过典型实例让读者扩展知识面，充分了解曲面造型在实际生产中的应用。本章难点较多，操作中会遇到很多曲面造型冲突或参数化不正确等问题，建议多练习。

## 课后习题

完成图 4.80、图 4.81 所示零件造型设计。

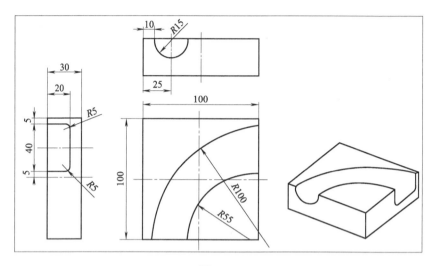

图 4.80

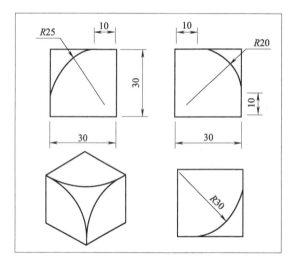

图 4.81

# 第 5 章
# 装配与爆炸图

UG NX12.0 装配过程是在装配中建立部件之间的链接关系。它是通过装配条件在部件间建立约束关系来确定部件在产品中的位置。在装配中，部件的几何体是被装配引用，而不是复制到装配中。不管如何编辑部件和在何处编辑部件，整个装配部件保持关联性，如果某部件修改，则引用它的装配部件自动更新，反应部件的最新变化。

## ■ 学习目标

◇ 了解 UG NX12.0 装配基本概念
◇ 熟练运用 UG NX12.0 的装配方法及装配条件
◇ 掌握 UG NX12.0 装配操作
◇ 熟练掌握 UG NX12.0 装配爆炸图的生成及编辑

## ■ 主要内容

◇ 5.1 装配基础知识
◇ 5.2 台钳零部件建模及装配

## 5.1 装配基础知识

部件一般由若干个零件组成，如果采用直接建模的方法，不便于分析各个零件之间的链接关系，这时就需要使用装配模块，装配模型创建完成后，可以生成爆炸图，也可以进行运动仿真。

### 5.1.1 装配概述

一个产品（组件）往往是由多个部件组合（装配）而成的，装配模块用来建立部件间的相对位置关系，从而形成复杂的装配体。部件间位置关系的确定主要通过添加约束实现。

一般的 CAD/CAM 软件包括两种装配模式：多组件装配和虚拟装配。多组件装配是一种简单的装配，其原理是将每个组件的信息复制到装配体中，然后将每个组件放到对应的位置。虚拟装配是建立各组件的链接，装配体与组件是一种引用关系。

## 5.1.2 装配环境中的下拉菜单及工具条

新建任意一个文件（如 work.prt），选择下拉菜单中的【装配】命令，进入装配环境，并显示图 5.1 所示的【装配】工具条，如果没有显示，用户可以通过在【自定义】对话框中选中复选项，调出【装配】工具条，选择下拉菜单，如图 5.2 所示。

图 5.1 【装配】工具条　　　　　图 5.2 【装配】下拉菜单

## 5.1.3 装配导航器

单击用户界面资源工具条区中的【装配导航器】按钮，显示【装配导航器】对话框（图 5.3），在装配导航器的第一栏，可以方便地查看和编辑装配体和各组件的信息。

图 5.3 【装配导航器】对话框

（1）装配导航器的按钮

装配导航器的模型树中各部件名称前后有很多图标，不同的图标表示不同的信息。

（2）预览面板

如图 5.4 所示，在【装配导航器】工具条中单击标题栏，可展开或折叠面板。选择装配导航器中的组件，可以在预览面板中查看该组件的预览。添加新组件时，如果该组件已加载到系统中，预览面板也会显示该组件的预览。

图 5.4　【装配导航器】工具条

（3）依附性面板

如图 5.4 所示，在【装配导航器】工具条中单击标题栏，可展开或折叠面板。选择装配导航器中的组件，可以在依附性面板中查看该组件的相关性关系。

在依附性面板中，每个装配组件下都有两个文件夹：子级和父级。以选中组件为基础组件，定位其他组件时所建立的约束和配对对象属于子级；以其他组件为基础组件，定位选中的组件时所建立的约束和配对对象属于父级。单击【局部放大图】按钮，系统详细列出了其中所有的约束条件和配对对象。

## 5.1.4　组件的配对条件说明

（1）【装配约束】对话框

选择下拉菜单【装配】—【组件位置】—【装配约束】命令，系统弹出图 5.5 所示的【装配约束】对话框。

图 5.5　【装配约束】对话框

（2）【接触对齐】约束

【接触】约束可使两个装配部件中的两个平面重合并且朝向相反，如图 5.6 所示。【配对】约束也可以使其他对象配对，如直线与直线配对，如图 5.7 所示。

（3）【距离】约束

【距离】约束可使两个装配部件中的两个平面保持一定的距离，可以直接输入距离值，如图 5.8 所示。

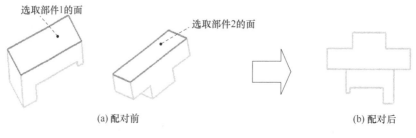

(a) 配对前     (b) 配对后

图 5.6  面与面配对

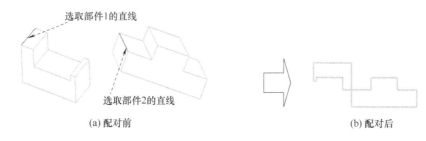

(a) 配对前     (b) 配对后

图 5.7  直线与直线配对

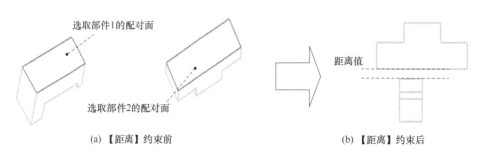

(a)【距离】约束前     (b)【距离】约束后

图 5.8  【距离】约束

（4）【固定】约束

约束是将部件固定在图形窗口的当前位置。向装配环境中引入第一个部件时，常常对该部件添加"固定"约束。

### 5.1.5 装配的一般过程

部件的装配一般有两种基本方式：自底向上装配和自顶向下装配。如果首先设计好全部部件，然后将部件作为组件添加到装配体中，则称之为自底向上装配；如果首先设计好装配体模型，然后在装配体中创建组建模型，最后生成部件模型，则称之为自顶向下装配。

UG NX12.0 提供了自底向上和自顶向下装配功能，并且两种方法可以混合使用。自底向上装配是一种常用的装配模式，本书主要介绍自底向上装配。

步骤 1：添加第一个部件。

步骤 2：添加第二个部件。

步骤 3：引用集并添加约束。

在虚拟装配时，一般并不希望将每个组件的所有信息都引用到装配体中，通常只需要部件的实体图形，而很多部件还包含了基准平面、基准轴和草图等其他不需要的信息，这些信息会占用很大的内存空间，也会给装配带来不必要的麻烦。因此，UG NX12.0 允许用户根据需要选取一部分几何对象作为该组件的代表参加装配，这就是引用集的作用。

用户创建的每个组件都包含了默认的引用集，默认的引用集有四种："模型""轻量化""空"和"整个部件"。此外，用户可以修改和创建引用集，选择下拉菜单【格式】中的【引用集】命令，弹出图 5.9 所示的【引用集】对话框，其中提供了对引用集进行创建、删除和编辑的功能。

图 5.9　【引用集】对话框

### 5.1.6　部件的阵列

（1）部件的【从实例特征】参照阵列

如图 5.10 所示，部件的【从实例特征】阵列是以装配体中某一零件中的特征阵列为参照进行部件的阵列。图 5.10（c）中的八个螺钉阵列，是参照装配体中部件 1 上的八个阵列孔来进行创建的。所以在创建【从实例特征】阵列之前，应提前在装配体的某个零件中创建某一特征的阵列，该特征阵列将作为部件阵列的参照。

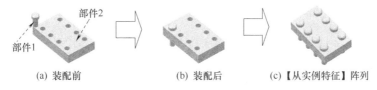

图 5.10　部件装配及阵列

（2）部件的【线性】阵列

部件的【线性】阵列是将要阵列的部件沿某一方向进行线性排列，也可以将部件沿两个方向进行矩形或棱形排列，如图 5.11 所示。

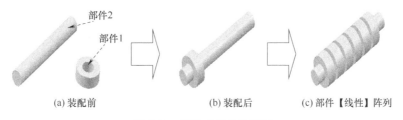

图 5.11　部件【线性】阵列

（3）部件的【圆周】阵列

部件的【圆周】阵列是将要阵列的部件沿参考轴线进行圆周排列，如图 5.12 所示。

图 5.12　部件【圆周】阵列

### 5.1.7 装配干涉检查

在实际的产品设计中，当产品中的各个零部件组装完成后，设计人员往往比较关心产品中各个零部件间的干涉情况：有无干涉？哪些零件间有干涉？干涉量是多大？

用户可以通过选择下拉菜【分析】—【简单干涉】单命令对装配体零件间的干涉进行检查，如图 5.13 所示。

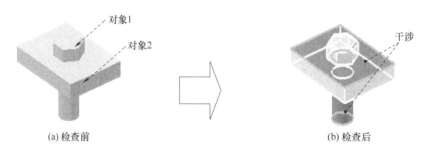

图 5.13　【高亮显示面】干涉检查

### 5.1.8 编辑装配体中的部件

装配体完成后，可以对该装配体中的任何部件（包括零件和子装配件）进行特征建模、修改尺寸等编辑操作，如图 5.14 所示。

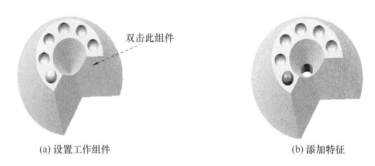

图 5.14　设置工作组件及添加特征

### 5.1.9 爆炸图

（1）爆炸图工具条

选择下拉菜单【装配】—【爆炸图】—【显示工具条】命令，系统显示【爆炸图】工具条，如图 5.15 所示。

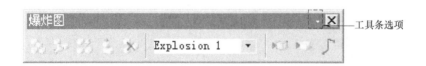

图 5.15　【爆炸图】工具条

（2）爆炸图的建立和删除

用户可以通过选择下拉菜单【装配】—【爆炸图】—【新建爆炸图】命令来建立爆炸图。

用户可以通过选择下拉菜单【装配】—【爆炸图】—【删除爆炸图】命令来删除爆炸图。

(3) 编辑爆炸图

爆炸图创建完成，创建的结果是产生了一个待编辑的爆炸图，在主对话框中的图形并没有发生变化，爆炸图编辑工具被激活，进行编辑爆炸图。

方法 1：自动爆炸

自动爆炸只需要用户输入很少的内容，就能快速生成爆炸图（图 5.16）。

用户可以通过选择下拉菜单【装配】—【爆炸图】—【自动爆炸组建】命令来自动建立爆炸图。

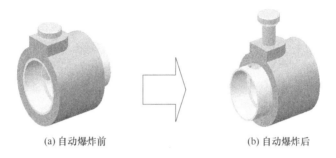

(a) 自动爆炸前　　　　　　　　(b) 自动爆炸后

图 5.16　自动爆炸图

方法 2：手动编辑爆炸图

自动爆炸并不能总是得到满意的效果，因此系统提供了编辑爆炸功能，如图 5.17 所示为对系统自动创建的爆炸图进行编辑。

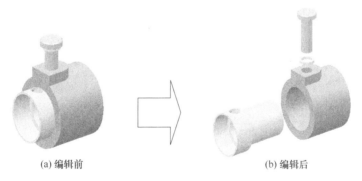

(a) 编辑前　　　　　　　　(b) 编辑后

图 5.17　手动编辑爆炸图

(4) 隐藏和显示爆炸图

如果当前视图为爆炸图，选择下拉菜单【装配】—【爆炸图】—【隐藏爆炸图】命令，则视图切换到无爆炸图。

要显示隐藏的爆炸图，可以选择下拉菜单【装配】—【爆炸图】—【显示爆炸图】命令，则视图切换到爆炸图。

(5) 隐藏和显示组件

要隐藏组件，可以选择下拉菜单【装配】—【关联控制】—【隐藏视图中的组件】命令，弹出【隐藏视图中的组件】工具条，选择要隐藏的组件后单击【确定】按钮，选中组件被隐藏。

要显示被隐藏的组件，可以选择下拉菜单【装配】—【关联控制】—【显示视图中的组件】命令，系统会列出所有隐藏的组件供用户选择。

（6）删除爆炸图

选择下拉菜单【装配】—【爆炸图】—【删除爆炸图】命令，系统会列出所有爆炸图，选择要删除的视图，单击【确定】按钮。

### 5.1.10 简化装配

（1）简化装配概述

对于比较复杂的装配体，可以使用【简化装配】功能将其简化。被简化后，实体的内部细节被删除，但保留复杂的外部特征。当装配体只需要精确的外部表示时，可以将装配体进行简化，简化后可以减少所需的数据，从而缩短加载和刷新装配体的时间。

内部细节是指对该装配体的内部组件有意义，而对装配体与其他实体关联时没有意义的对象；外部细节则相反。简化装配主要就是区分内部细节和外部细节，然后省略掉内部细节的过程，在这个过程中，装配体被合并成一个实体。

（2）简化装配操作

用户可以通过选择下拉菜单【装配】—【高级】—【简化装配】命令来创建简化装配，如图 5.18 所示。

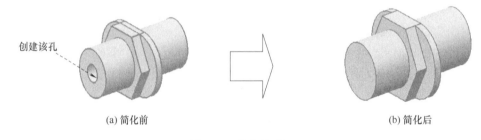

图 5.18　简化装配

## 5.2　台钳零部件建模及装配

本节通过一个设计范例的操作过程来说明 UG NX12.0 的装配基本功能，包括装配设计方法、约束条件等装配操作。当然，设计范例不能包含 UG NX12.0 装配的全部功能，但经过设计实例的详细介绍，可以使读者更好地掌握 UG NX12.0 的装配操作要点。

### 5.2.1　模型分析

本设计实例是台钳，它由 1 个底座、1 个活动钳口、1 个钳口压板、2 个钳口垫、6 个沉头螺钉、1 个螺杆、1 个手柄杆及 2 个手柄球头装配而成。用自底向上的装配设计方法，其中，最先添加的组件为底座，并且以底座为参考的原有组件，以【装配约束】的方式创建约束条件，添加活动钳口、钳口压板、

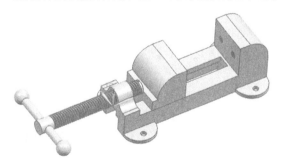

图 5.19　台钳装配示意图

钳口垫、螺钉、螺杆、手柄杆及手柄球头。

## 5.2.2 设计步骤

台钳共有 8 种零件，如图 5.19 所示。台钳装配设计包括这些零部件的设计及它们的装配过程，具体步骤如下。

（1）底座设计

步骤 1：新建底座文件。打开 UG NX12.0，选择【文件】—【新建】命令，在【新建】对话框中输入文件名"dizuo"（以下各零件均以汉语拼音全拼命名），选择单位为"毫米"，单击【确定】按钮，进入建模环境。

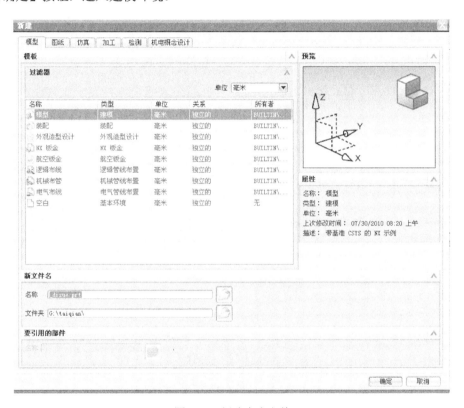

图 5.20　新建底座文件

步骤 2：选择 XC-YC 平面为草图绘制平面，绘制如图 5.21 所示的底座草图。

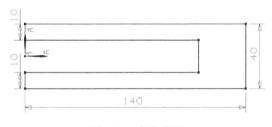

图 5.21　底座草图

在【拉伸】对话框中，设置拉伸【开始距离】为"0"，【结束距离】为"12"，如图 5.22 所示。

步骤 3：绘制如图 5.23 所示的 4 个座耳。座耳高度为 3，半径为 15；中间孔直径为 5，通孔。

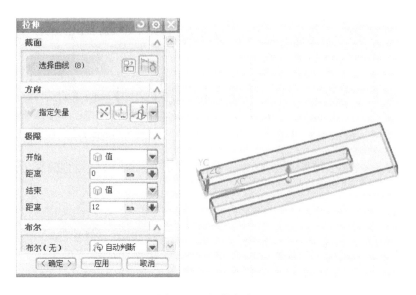

图 5.22　拉伸底座

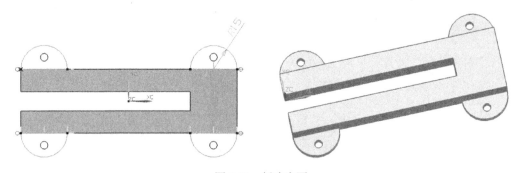

图 5.23　创建座耳

步骤 4：在已生成实体的上表面绘制如图 5.24 所示的导轨草图。

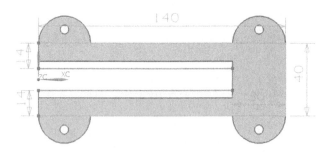

图 5.24　导轨草图

在【拉伸】对话框中，设置【开始距离】为"0"，【结束距离】为"5"，【布尔】求和，如图 5.25 所示。

步骤 5：绘制如图 5.26 所示的草图。

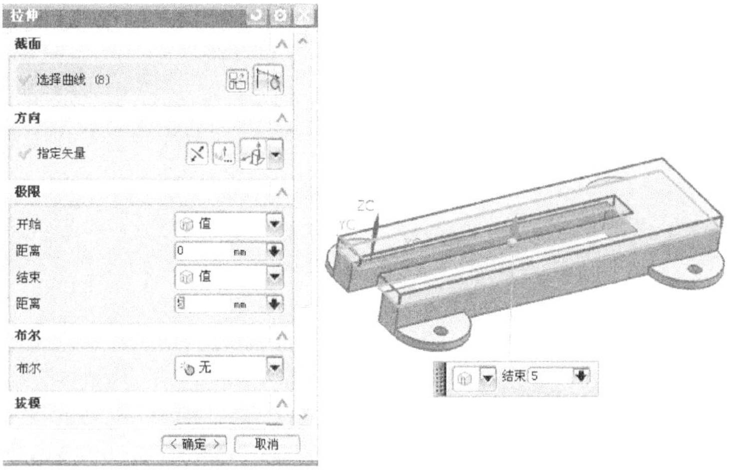

图 5.25 拉伸导轨

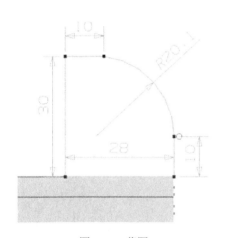

图 5.26 草图

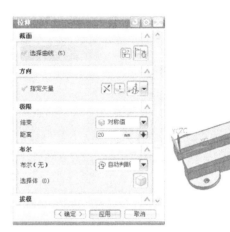

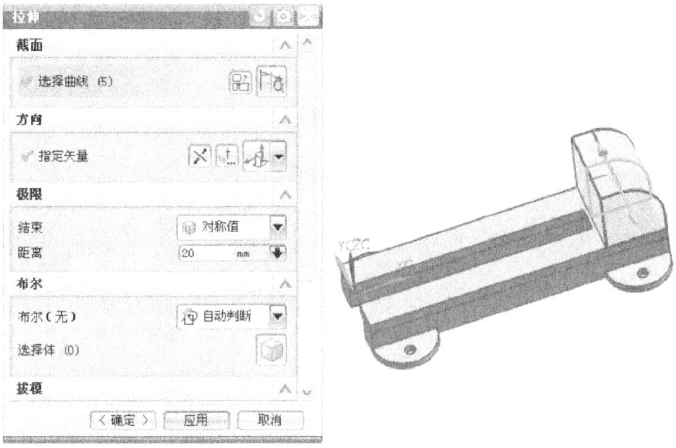

图 5.27 拉伸

设置拉伸【开始距离】为"0",【结束距离】为"20",【布尔】求和,如图 5.27 所示;创建简单孔,孔直径为 4,深度为 6,顶锥角为"118",定位距离如图 5.28 所示。在简单孔基础上创建螺纹孔,螺纹孔参数设置如图 5.29 所示。

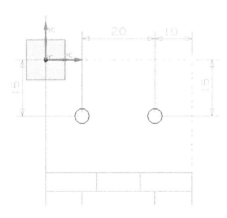

图 5.28 孔定位距离

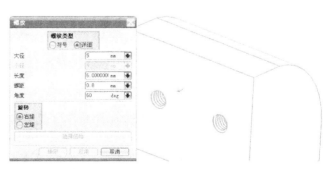

图 5.29 创建螺纹孔

步骤 6：底座左端螺杆支撑部分绘制。选择左端平面绘制草图，绘制的草图如图 5.30 所示。

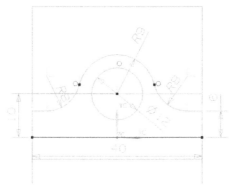

图 5.30　支撑部分草图

设置拉伸【开始距离】为"0"，【结束距离】为"15"，【布尔】求和，如图 5.31 所示。

步骤 7：创建螺纹。螺纹参数设置及底座建模后的最终实体如图 5.32 所示。

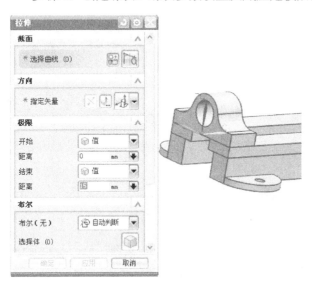

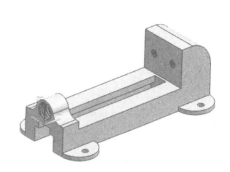

图 5.31　拉伸支撑座　　　　　　　　　　　图 5.32　最终实体

（2）活动钳口设计

步骤 1：创建长方体。设置长方体的长为 33，宽为 12，高为 5，放置点坐标为（0，6，0），如图 5.33 所示。

步骤 2：活动钳口本体建模。选择 XC-ZC 平面为草图绘制平面，绘制草图如图 5.34 所示。设置草图拉伸为"对称值"拉伸，【距离】为"20"，【布尔】求和，建模过程如图 5.35 所示。

步骤 3：螺杆支撑部分建模。

在活动钳口的另一端绘制 R9 半圆草图，拉伸到"直至下一个"，【布尔】求和，如图 5.36、图 5.37 所示。

在同一端面上绘制 $\phi 12$ 圆的草图，拉伸深度为 10，【布尔】求差，得到 $\phi 12$ 孔，如图 5.38、图 5.39 所示。

图 5.33　长方体

 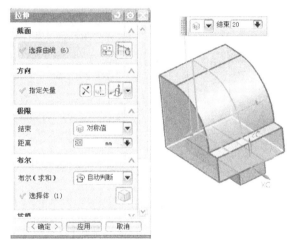

图 5.34　草图　　　　　　　　　　图 5.35　拉伸活动底座

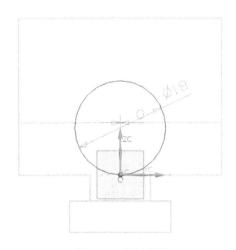 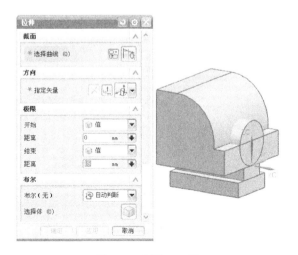

图 5.36　绘制草图　　　　　　　　图 5.37　创建 $\phi 18$ 孔

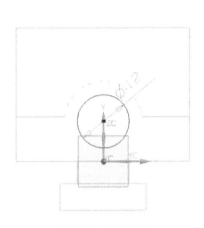
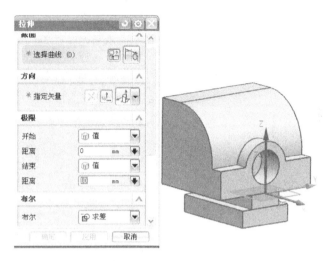

图 5.38　绘制草图　　　　　　　　图 5.39　创建 φ12 孔

在 φ12 孔基础上，创建螺纹孔。螺杆支撑部分建模过程如图 5.40 所示。

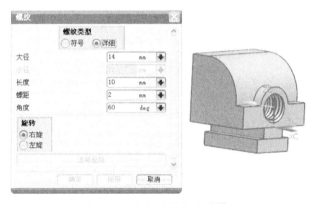

图 5.40　螺杆支撑部分建模

**步骤 4**：活动钳口上螺纹孔创建。

在活动钳口左端面上创建 2 个简单孔，孔直径为 φ4，深度为 6，顶锥角为 118°，定位尺寸分别为 10、20、15，如图 5.41 所示。

在左端面 2 个简单孔基础上创建螺纹孔，建模过程如图 5.42 所示。

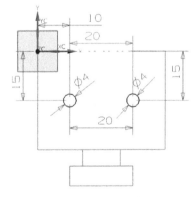

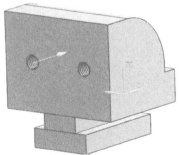

图 5.41　草图定位　　　　　　　　图 5.42　创建螺纹孔

在活动钳口底面上创建 2 个简单孔，孔直径为 4，深度为 6，顶锥角为 118°。定位尺寸如图 5.43 所示。

在底面 2 个简单孔基础上创建螺纹孔，建模过程如图 5.44 所示。

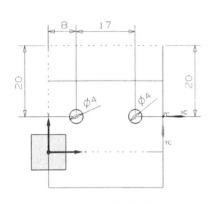

图 5.43　草图定位　　　　　　　　　　图 5.44　创建螺纹孔

（3）钳口压板设计

步骤 1：创建长方体。选择【插入】—【设计特征】—【长方体】命令，设置长方体参数为：长 32、宽 20、高 6，在坐标原点放置，如图 5.45、图 5.46 所示。

图 5.45　【块】对话框　　　　　　　　图 5.46　长方体

步骤 2：创建埋头孔。选择【插入】—【设计特征】—【孔】命令，设置孔类型为"简单孔"，孔形状为"埋头孔"，定位尺寸如图 5.47 所示，孔尺寸参数、位置参数及建模过程如图 5.48 所示，完成钳口压板建模。

（4）钳口垫设计

步骤 1：创建长方体。长方体长为 40，宽为 30，高为 5，放置在点（-20,0,0）处，如图 5.49、图 5.50 所示。

步骤 2：创建埋头孔。选择【插入】—【设计特征】—【孔】命令，设置孔类型为"简单孔"，孔状为"埋头孔"，定位尺寸如图 5.51 所示，孔尺寸参数与图 5.52 中所示相同。位置参数如图 5.52 所示，完成钳口垫建模。

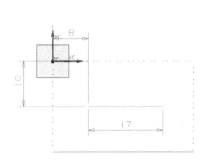

图 5.47 草图定位

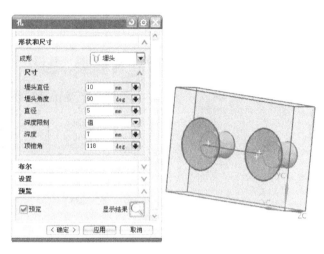

图 5.48 创建埋头孔

图 5.49 【块】对话框

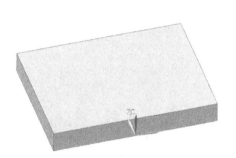

图 5.50 创建长方体

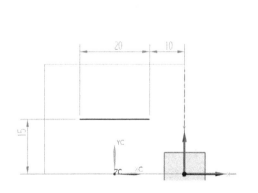

图 5.51 草图定位

图 5.52 创建埋头孔

（5）沉头螺钉

步骤1：实体建模。绘制草图，并回转建模，参数如图5.53所示。

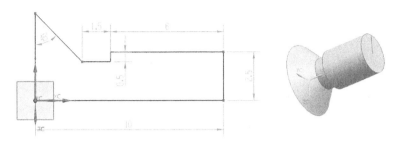

图 5.53　草图定位与回转建模

步骤2：创建矩形槽。选择【插入】—【草图】，绘制草图如图5.54所示。

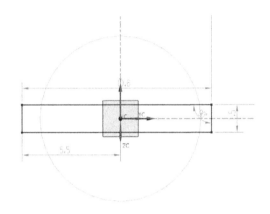

图 5.54　绘制矩形槽草图

选择草图进行拉伸，深度为1.4，如图5.55所示。

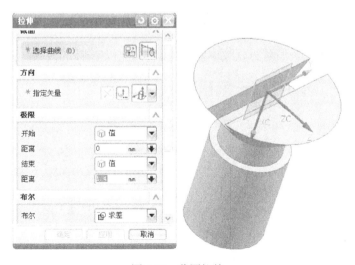

图 5.55　草图拉伸

步骤3：创建外螺纹。选择【插入】—【设计特征】—【螺纹】命令，在外圆表面上创建外螺纹，完成沉头螺钉建模，如图5.56所示。

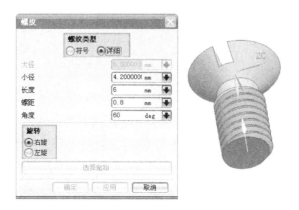

图 5.56　沉头螺钉建模

（6）螺杆

步骤 1：创建圆柱体。设置直径为"14"，高度为"100"，效果如图 5.57 所示。

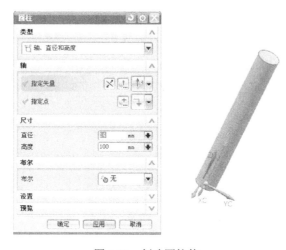

图 5.57　创建圆柱体

步骤 2：创建外螺纹。设置外螺纹参数及外螺纹建模完成后的效果如图 5.58 所示。

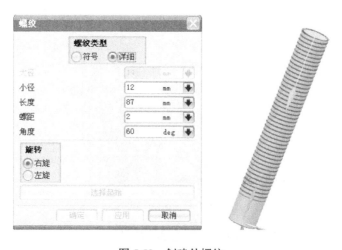

图 5.58　创建外螺纹

步骤 3：创建手柄孔。选择 XC-YC 平面为草图绘制平面，绘制草图；设置拉伸为"对称值"，距离为"10"，布尔求差，完成手柄孔建模，如图 5.59 所示。

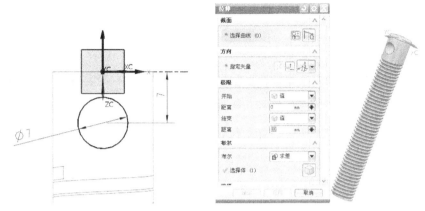

图 5.59　创建手柄孔

（7）手柄杆

步骤 1：创建圆柱体，直径为 7，高度为 66。

图 5.60　创建圆柱体

步骤 2：在圆柱体两端圆心处分别创建圆柱体，直径为 5。长度为 6。【布尔】求和，如图 5.61 所示。

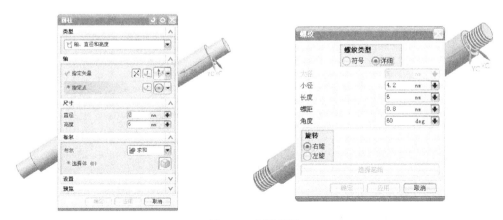

图 5.61　创建螺纹

步骤 3：对直径 $\phi 5$，长度为 6 的两段圆柱体创建外螺纹，如图 5.61 所示，完成手柄杆建模。

（8）手柄球头

步骤 1：球体建模。单击【特征】工具条上【球】命令，选"中心点和直径"类型，设置直径为 $\phi 13$，单击【确定】按钮，完成球体建模，如图 5.62 所示。

步骤 2：创建手柄球头孔。

确定孔的类型及参数。单击【特征】工具条上【孔】命令，打开【孔】对话框，孔方向为"垂直于面"，孔成形为"沉头"（便于直接作出平面），在对话框中设定沉头孔尺寸，【布尔】求差，如图 5.63 所示。

图 5.62 手柄球头建模

图 5.63 沉头孔

创建孔所在的平面。在打开的【创建草图】对话框（图 5.64）中的【平面方法】中选择"创建平面"，并指定其位置在平行于 YC 平面上方且距离 6.5 处，单击【确定】按钮，完成基准面创建。

确定孔在平面上的位置。在【草图点】对话框，单击【点构造器】，在弹出的【点】对话框中输入点坐标（0，0，6.5），单击【确定】按钮，完成草图点创建，如图 5.65 所示。

图 5.64 【创建草图】对话框

图 5.65 【点】对话框

单击【完成草图】按钮，系统重新回到【孔】对话框界面，并预览显示所设定的沉头孔，击【确定】按钮，完成手柄球头孔创建，如图 5.66 所示。隐藏创建的平面，如图 5.67 所示。

图 5.66　手柄球头孔创建　　　　　　　图 5.67　隐藏创建平面

步骤 3：创建螺纹孔。对已创建的直径 $\phi4$ 孔创建内螺纹，完成手柄球头建模，如图 5.68 所示。

图 5.68　创建内螺纹

### 5.2.3　装配约束步骤

新建"taiqian"文件夹，将所创建的所有组件模型放到这个文件夹内，创建一个装配工作组，如图 5.69 所示。

步骤 1：添加底座。单击【装配】工具条上的【添加组件】命令，在【添加组件】对话框中打开底座，定位为"绝对原点"方式，单击【应用】将底座放置在坐标原点，如图 5.70 所示。

图 5.69　创建装配工作组

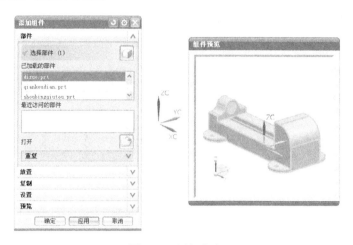

图 5.70　添加底座

步骤 2：添加活动钳口。在【添加组件】对话框中打开"活动钳口"，定位为"通过约束"方式，单击【应用】，如图 5.71 所示。

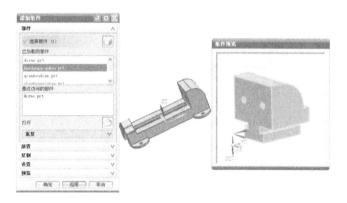

图 5.71　添加活动钳口

在弹出的【装配约束】对话框中，选择约束类型为"接触对齐"方式，单击【应用】，完成垂直面的配合；再次选择约束类型为"接触对齐"方式，如图 5.72 所示，单击【应用】。

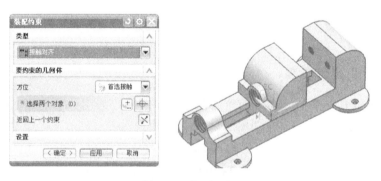

图 5.72　接触对齐

完成水平面的配合：选择约束类型为"距离"方式，设置距离值为"50"，如图 5.73 所示，完成钳口之间的距离配合。

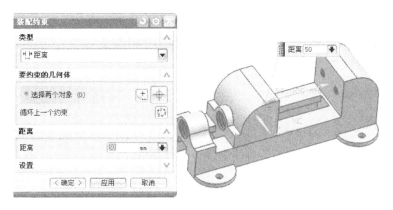

图 5.73　距离约束

步骤 3：添加钳口压板。对钳口压板的底面与底座下部凹槽底面之间采用"接触对齐"方式装配约束，如图 5.74 所示。

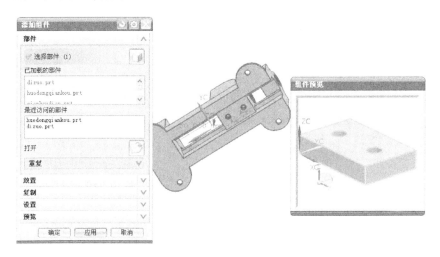

图 5.74　添加钳口压板

对钳口压板的 2 个埋头孔轴线与活动钳口下部的 2 个螺纹孔轴线之间采用"接触对齐"方式装配约束，如图 5.75 所示。

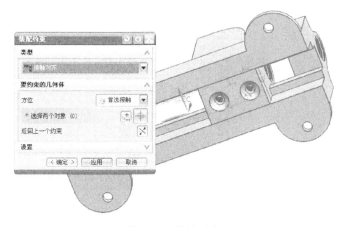

图 5.75　接触对齐

步骤4：添加钳口压板沉头螺钉。

对沉头螺钉的轴线与活动钳口底面其中1个螺纹孔轴线之间采用"接触对齐"方式装配约束，如图5.76所示。

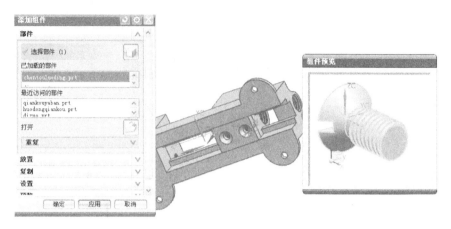

图5.76 添加沉头螺钉

对沉头螺钉锥面与钳口压板埋头孔锥面之间采用"同心"方式装配约束，如图5.77所示。

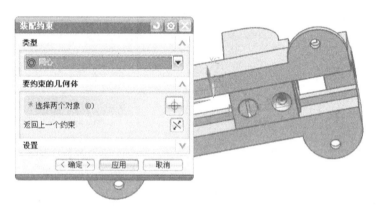

图5.77 同心对齐

创建组件阵列。单击【创建组件阵列】—【线性】，填写线性阵列参数，【偏置-XC】为17，对沉头螺钉进行组件阵列，如图5.78所示。

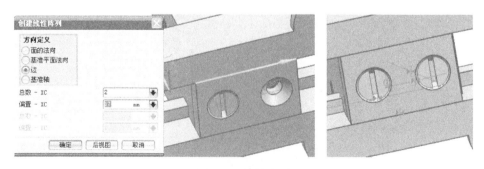

图5.78 组件阵列

步骤 5：添加钳口垫。

对钳口压板与底座固定钳口平面间采用"接触对齐"方式装配约束，如图 5.79 所示。

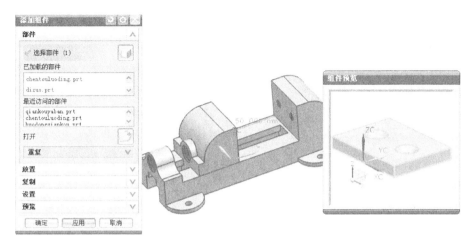

图 5.79　添加钳口垫

对钳口垫上 2 个埋头孔的轴线分别与底座上 2 个螺纹孔的轴线采用"接触对齐"方式装配约束，如图 5.80 所示。

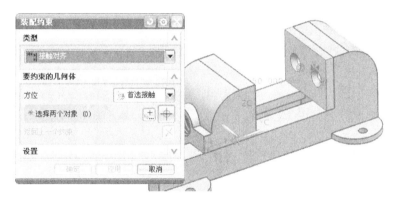

图 5.80　"接触对齐"方式装配约束

同理，添加另一个钳口垫并约束在活动钳口上，完成两个钳口垫装配约束的效果如图 5.81 所示。

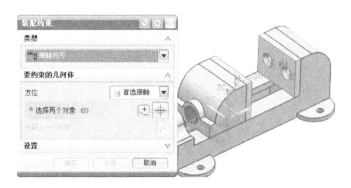

图 5.81　钳口垫装配约束完成效果

步骤 6：添加钳口垫沉头螺钉。

对沉头螺钉的轴线与底座固定钳口上的 1 个螺纹孔轴线之间采用"同心"方式装配约束。

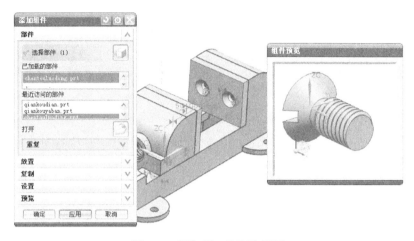

图 5.82　添加钳口垫沉头螺钉

对沉头螺钉锥面与钳口热埋头孔锥面之间采用"同心"方式装配约束，如 5.83 所示。

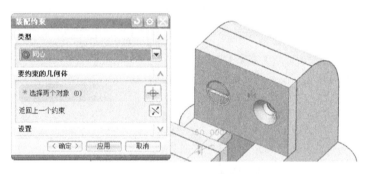

图 5.83　"同心"方式装配约束

创建组件阵列。单击【创建组件阵列】—【线性】填写线性阵列参数，阵列距离为 20，对沉头螺钉进行组件阵列，完成底座固定钳口及钳口垫上的 2 个沉头螺钉装配约束，如图 5.84 所示。

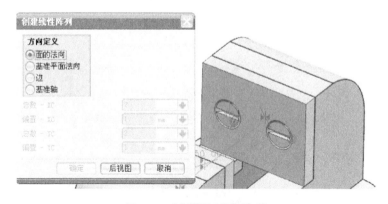

图 5.84　创建螺钉线性阵列

同理，添加另 2 个沉头螺钉并约束在活动钳口的钳口垫上，完成 4 个钳口垫沉头螺钉装配约束。

步骤 7：添加螺杆。选择螺杆与底座端面之间约束方式为"距离"，给定距离为 40，如图 5.85 所示；再选择螺杆与螺纹孔轴线之间"同心"约束方式，如图 5.86 所示。

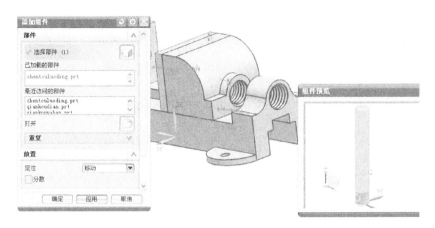

图 5.85　添加螺杆

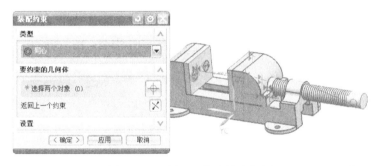

图 5.86　"同心"装配约束螺杆

步骤 8：添加手柄杆。手柄杆轴线与螺杆孔轴线采用"同心"方式进行装配约束，再对手柄杆其中一个端面与螺杆轴心线采用"距离"方式装配约束，给定距离"40"。

步骤 9：添加手柄球头。手柄杆端面与手柄球头端面之间采用"接触对齐"方式进行装配约束，再对手柄杆轴心线与手柄球头孔轴心线之间采用"同心"方式进行装配约束，同理，可完成另一个手柄球头的装配约束。

台钳装配完成后的效果如图 5.87 所示。

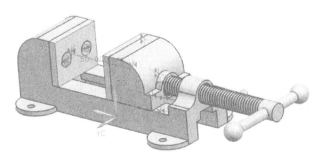

图 5.87　台钳装配完成效果

## 小　结

本章主要介绍了 UG NX12.0 的装配功能，包括装配功能概述、装配操作、装配爆炸图，并用一个台钳的零件建模及装配实例来详细说明装配操作的全过程，本章的重点是装配操作方法及装配约束方法的应用。

## 课后习题

根据图 5.88 所示图纸完成千斤顶各零件模型并进行装配。

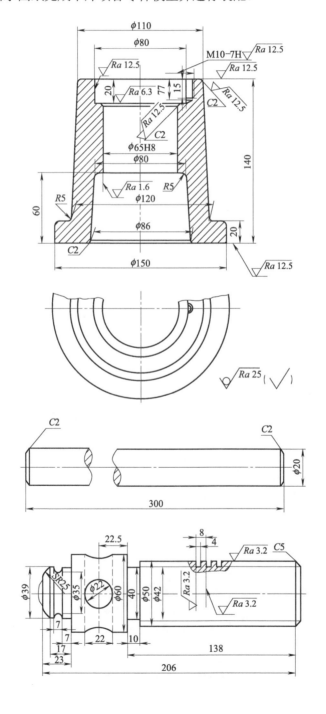

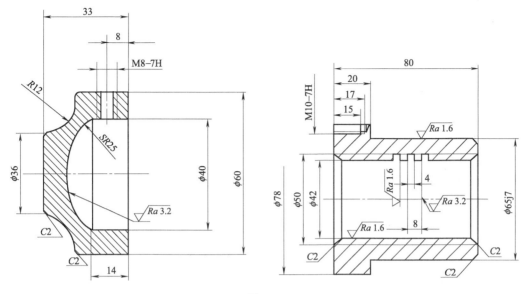

图 5.88

# 第 6 章
# 工程图基础

UG NX12.0 "制图"应用模块的目的是创建并保留根据在"建模"应用模块中生成的模型而制作的各种图纸。在"制图"应用模块中创建的图纸与模型完全关联,对模型所做的任何更改都会在图纸中自动反映出来。也就是利用 UG NX12.0 的实体建模功能创建的零件和装配模型,可在 UG NX12.0 的制图中打开,建立完整的工程图。

UG NX12.0 提供的"制图"模板并不是单纯的二维空间制图,它与三维模型有密切的关联性,实体模型的尺寸、形状和位置的任何改变,也会引起二维制图自动改变。由于此关联性的存在,故可以对模型进行多次更改。

### 学习目标

◇ 了解 UG NX12.0 制图的基本参数设置和使用
◇ 掌握 UG NX12.0 制图的创建与视图操作
◇ 掌握 UG NX12.0 制图的尺寸、形位公差的标注
◇ 掌握 UG NX12.0 制图的编辑和设计方法

### 主要内容

◇ 6.1 工程图设计基础知识
◇ 6.2 工程图设计实例 1
◇ 6.3 工程图设计实例 2

## 6.1 工程图设计基础知识

模型创建的一般顺序是通过分析零件图纸,然后根据要求创建零件的三维模型,但实际上在逆向工程中,在通过三维扫描等方式构建零件的三维模型后,还需要得到零件图纸,这时候就需要用到 UG NX 的工程图模块,也就是通过三维模型构建二维图纸。

### 6.1.1 工程图的组成

① 视图:包括六个基本视图(主视图、俯视图、左视图、右视图、仰视图和后视图)、

放大图、各种剖视图、断面图、辅助视图等。在制作工程图时，根据实际零件的特点，选择不同的视图组合，以便简单清楚地表达各个设计参数。

② 尺寸、公差、注释说明及表面粗糙度：包括形状尺寸、位置尺寸、形状公差、位置公差、注释说明、技术要求以及零件的表面粗糙度要求。

③ 图框和标题栏等。

工程图的组成如图 6.1 所示。

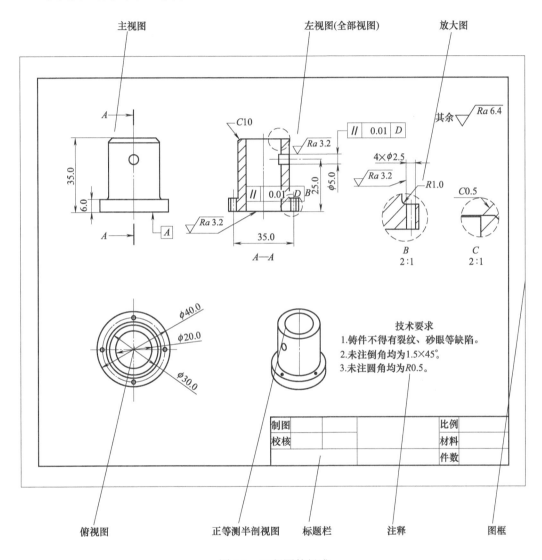

图 6.1　工程图的组成

## 6.1.2　工程图环境中的下拉菜单与工具条

①【首选项】下拉菜单。这些菜单主要用于创建工程图之前对制图环境进行设置，如图 6.2～图 6.4 所示。

② 进入工程图环境以后，系统会自动增加许多与工程图操作有关的工具条。工程图环境中较为常用的工具条分别如图 6.5～图 6.7 所示。

图 6.2 【首选项】下拉菜单

图 6.3 【基本视图】对话框

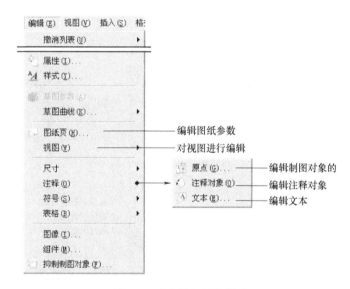

图 6.4 【编辑】下拉菜单

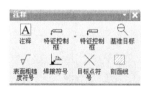

图 6.5 【注释】工具条

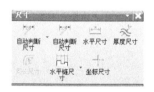

图 6.6 【尺寸】工具条

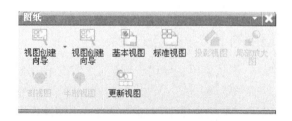

图 6.7 【图纸】工具条

## 6.1.3 部件导航器

在 UG NX12.0 中，部件导航器（也可以称为图样导航器）如图 6.8 所示，可用于编辑、查询和删除图样（包括在当前部件中的成员视图），模型树包括零件的图纸页、成员视图、剖面线和表格。

在部件导航器中的"图纸页"节点上右击，系统弹出图 6.9 所示的快捷菜单。

图 6.8　部件导航器　　　　　图 6.9　快捷菜单

## 6.1.4　工程图参数设置

选择下拉菜单【首选项】—【制图】命令，系统弹出图 6.10 所示的【制图首选项】对话框，该对话框的功能是：

图 6.10　【制图首选项】对话框

① 设置视图和注释的版本。
② 设置成员视图的预览样式。
③ 设置图纸页的页号及编号。
④ 视图的更新和边界、显示抽取边缘的面及加载组件的设置。
⑤ 保留注释的显示设置。
⑥ 设置断开视图的断裂线

## 6.1.5　基本参数设置

① 用户可以通过选择下拉菜单【首选项】—【原点】命令对原点参数进行设置，如图 6.11 所示。
② 用户可以通过选择下拉菜单【首选项】—【注释】命令对注释参数进行设置，如图 6.12 所示。
③ 用户可以通过选择下拉菜单【首选项】—【截面线】命令对剖切线参数进行设置，如图 6.13 所示。

图 6.11 【原点工具】对话框

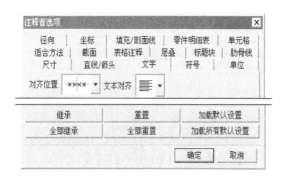

图 6.12 【注释首选项】对话框

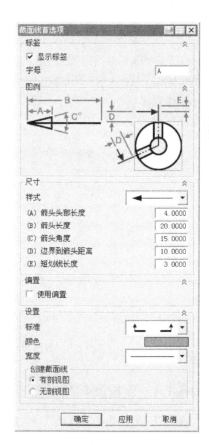

图 6.13 【截面线首选项】对话框

④ 用户可以通过选择下拉菜单【首选项】—【视图】命令对视图参数进行设置，如图 6.14 所示。

⑤ 用户可以通过选择下拉菜单【首选项】—【视图标签】命令对标记参数进行设置，如图 6.15 所示。

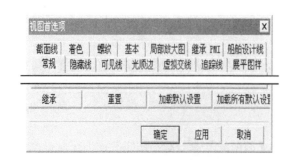

图 6.14 【视图首选项】对话框

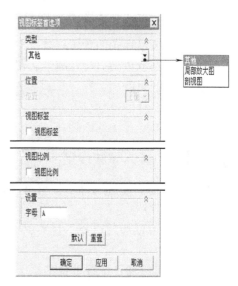

图 6.15 【视图标签首选项】对话框

## 6.1.6 图样管理

（1）新建工程图

步骤 1：打开零件模型。

步骤 2：选择命令。选择下拉菜单【开始】—【制图】命令，系统进入工程图环境。

步骤 3：选择图样类型。选择下拉菜单【插入】—【图纸页】命令，系统弹出【图纸页】对话框，在对话框中选择图 6.16 所示的选项。

（2）编辑已存图样

新建一张图样，在部件导航器中选择图样并右击，在弹出的图 6.17 所示的快捷菜单中选择【编辑图纸页】命令，系统弹出图 6.18 所示的【图纸页】对话框，利用该对话框可以编辑已存图样的参数。

图 6.16　【图纸页】对话框　　图 6.17　快捷菜单　　图 6.18　【图纸页】对话框

## 6.1.7 视图的创建与编辑

（1）基本视图

用户可以通过选择下拉菜单【插入】—【视图】—【基本视图】命令创建基本视图，如图 6.19 所示。零件模型如图 6.20 所示。

（2）局部视图

用户可以通过选择下拉菜单【插入】—【视图】—【局部放大图】命令创建局部放大图，如图 6.21 所示。

（3）全剖视图

用户可以通过选择下拉菜单【插入】—【视图】—【截面】—【简单/阶梯剖】命令创

建全剖视图，如图 6.22 所示。

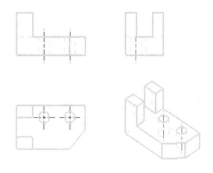

图 6.19  零件的基本视图

图 6.20  零件模型

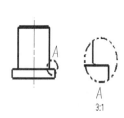

图 6.21  局部放大图

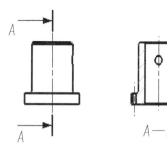

图 6.22  全剖视图

（4）半剖视图

用户可以通过选择下拉菜单【插入】—【视图】—【截面】—【半剖】命令创建半剖视图，如图 6.23 所示。

（5）旋转剖视图

用户可以通过选择下拉菜单【插入】—【视图】—【截面】—【旋转剖】命令创建旋转剖视图，如图 6.24 所示。

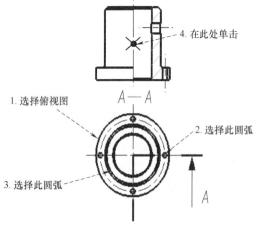

图 6.23  半剖视图

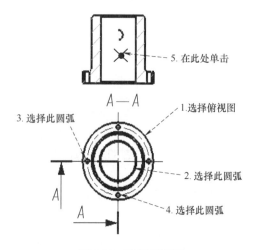

图 6.24  旋转剖视图

（6）阶梯剖视图

用户可以通过选择下拉菜单【插入】—【视图】—【截面】—【轴测剖】命令创建阶梯剖视图，如图6.25所示。

（7）局部剖视图

用户可以通过选择下拉菜单【插入】—【视图】—【局部剖视图】命令创建局部剖视图，如图6.26所示。

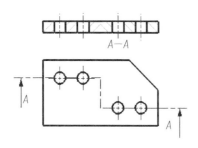

图6.25　阶梯剖视图

图6.26　局部剖视图

### 6.1.8　显示与更新视图

（1）视图的显示

选择下拉菜单【视图】—【显示图纸页】命令，系统会在模型的三维图形和二维工程图之间进行切换。

（2）视图的更新

选择下拉菜单【编辑】—【视图】—【更新】命令，可更新图形区中的视图。选择该命令后，系统弹出图6.27所示的【更新视图】对话框。

（3）对齐视图

UG NX12.0提供了比较方便的视图对齐功能。将鼠标移至视图的视图边界上并按住左键，然后移动，系统会自动判断用户的意图，显示可能的对齐方式，当移动适合的位置时，松开鼠标左键即可。但是如果这种方法不能满足要求的话，用户还可以利用【对齐视图】命令来对齐视图，如图6.28所示。

图6.27　【更新视图】对话框

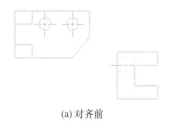

(a) 对齐前　　　　　　　　　　　　(b) 对齐后

图6.28　对齐视图

### 6.1.9　编辑视图

在视图的边框上右击，从弹出的快捷菜单中选择命令，系统弹出图6.29所示的【视图样式】对话框，使用该对话框可以改变视图的显示。

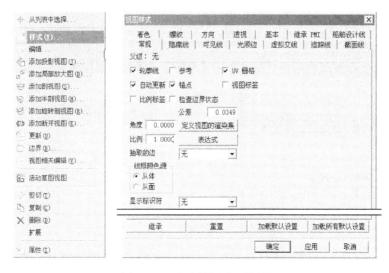

图 6.29 【视图样式】对话框

### 6.1.10 标注与符号

（1）尺寸标注

尺寸标注是工程图中一个重要的环节，这里将介绍尺寸标注的方法以及注意事项。选择下拉菜单【插入】—【尺寸】命令，系统弹出图 6.30 所示的【尺寸】菜单，或者通过图 6.31 所示的【尺寸】工具条进行尺寸标注（工具条中没有的按钮可以定制）。

图 6.30 【尺寸】菜单

图 6.31 【尺寸】工具条

（2）注释编辑器

制图环境中的形位公差和文本注释都是通过注释编辑器来标注的，因此，在这里先介绍一下注释编辑器的用法，如图 6.32 所示。

用户可以通过选择下拉菜单【插入】—【注释】命令添加标注，如图 6.33 所示。

第 6 章 工程图基础

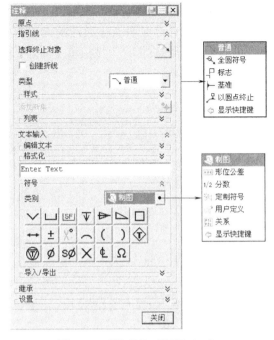

图 6.32　【注释】对话框（一）　　　　图 6.33　【注释】对话框（二）

（3）中心线

UG NX12.0 提供了很多的中心线，例如中心标记、螺栓圆、对称、2D 中心线和 3D 中心线，从而可以对工程图进行进一步的丰富和完善，如图 6.34 所示。

用户可以通过选择下拉菜单【插入】—【中心线】—【2D 中心线】命令添加标注，如图 6.35 所示。

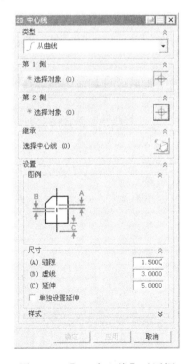
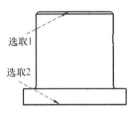
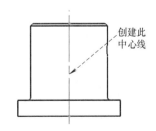

图 6.34　【2D 中心线】对话框　　　　图 6.35　添加标注

（4）表面粗糙度符号

UG NX12.0 安装后默认的设置中，表面粗糙度符号选项命令是没有被激活的，因此首先要激活表面粗糙度符号选项命令，如图 6.36 所示。用户可以通过选择下拉菜单【插入】—【注释】—【表面粗糙度符号】命令添加标注，如图 6.37 所示。

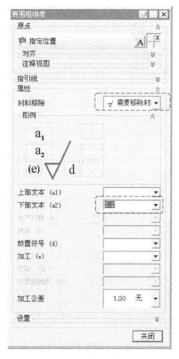

图 6.36 【表面粗糙度】对话框

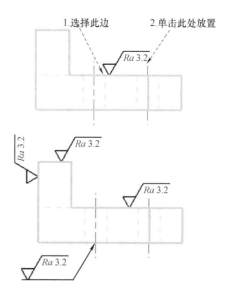

图 6.37 表面粗糙度符号标注

（5）标识符号

标识符号是一种由规则图形和文本组成的符号，在创建工程图中也是必要的，如图 6.38 所示。

用户可以通过选择下拉菜单【插入】—【注释】—【标识符号】命令添加标注，如图 6.39 所示。

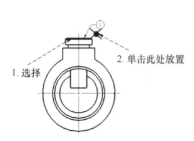

图 6.38 标识符号的创建

图 6.39 【标识符号】对话框

（6）自定义符号

利用自定义符号命令可以创建用户所需的各种符号，且可将其加入自定义符号库中，如图 6.40 所示。

用户可以通过选择下拉菜单【插入】—【符号】—【用户定义符号】命令添加标注，如图 6.41 所示。

图 6.40 【用户定义符号】对话框

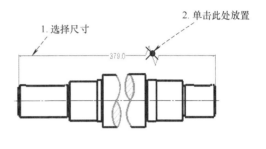

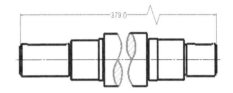

图 6.41 创建完的用户定义符号

## 6.2 工程图设计实例 1

打开建模部分所创建的零件模型，如图 6.42 所示，创建工程图。

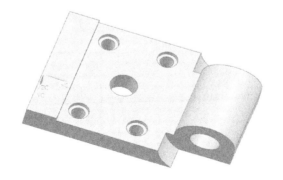

图 6.42 零件模型

### 6.2.1 建立图纸页

打开零件的三维模型图文件后，进入制图环境。单击【启动】—【制图】命令，进入工程图环境，选择图纸，创建基本视图。

### 6.2.2 添加视图

步骤 1：新建图纸页。单击【插入】—【图纸页】命令（或单击【图纸】工具条中的按钮），弹出【图纸页】对话框。在对话框中选择图 6.43 所示的选项，然后单击【确定】按钮，弹出【基本视图】对话框，如图 6.44 所示。

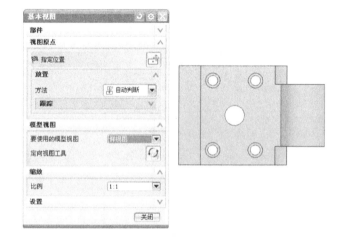

图 6.43　【图纸页】对话框　　　　　图 6.44　【基本视图】对话框

步骤 2：添加主、俯视图。在【投影视图】对话框中进行图 6.45 所示的设置，然后在图纸虚线框内部的合适位置单击鼠标左键，添加模型的俯视图，作为图纸的主视图，然后单击主视图的下方添加一个俯视图，然后【关闭】对话框。

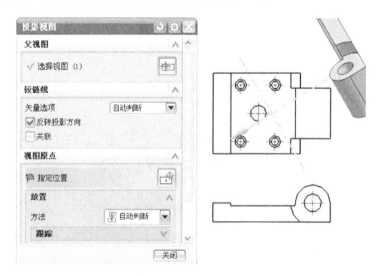

图 6.45　添加主、俯视图

步骤 3：添加轴测图。单击【插入】—【视图】—【基本】命令（或单击【图纸】工具条中的一按钮），弹出【基本视图】对话框。在对话框中【模型视图】区域的下拉列表中选择【正等测视图】选项，然后在图纸的右下方单击鼠标左键，加入一个三维正等测视图，然后关闭对话框，此时整个视图如图 6.46 所示。

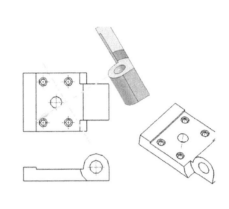

图 6.46  添加轴测图

步骤 4：添加阶梯剖视图。在命令查找器中输入【剖视图】命令，单击搜索，弹出【剖视图】对话框，或者选择主视图，单击右键，选择剖视图，弹出【剖视图】对话框。如图 6.47 所示。首先单击图纸中的要剖切的 $\phi16$ 孔作为截面线段指定位置，再单击对话框中的截面线段指定位置行，然后单击俯视图左下要剖切的 $\phi12$ 孔作为阶梯截面线段指定位置，再单击对话框中的视图原点到指定位置，然后在图纸的上方单击鼠标的左键，最后关闭对话框。此时图纸视图如图 6.48 所示。

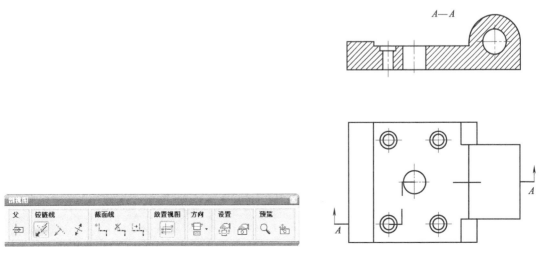

图 6.47  【剖视图】对话框 　　　　　　　　图 6.48  生成剖视图

步骤5：修改截面线型。将鼠标靠近剖切线，单击鼠标右键，弹出图6.49所示的【剖面线】对话框，单击【设置】命令，弹出【设置】对话框，修改显示类型及箭头样式如图6.49所示，单击【确定】按钮关闭对话框。双击阶梯剖切线，可用鼠标压住中间点左右移动改变剖切线的纵向剖切位置，也可用鼠标压住孔中间的点上下移动改变剖切线的横向剖切位置，如图6.50所示。

图6.49 【剖面线】对话框

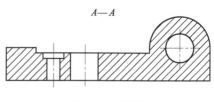

图6.50 剖视图

### 6.2.3 标注尺寸

单击【插入】—【尺寸】—【快速】命令（或直接单击工具条中的小图标号），弹出【快速尺寸】对话框。在对话框的测量方法选项下拉列表中有很多标注尺寸的方法，可根据需要选取，最终标注尺寸如图6.51所示。

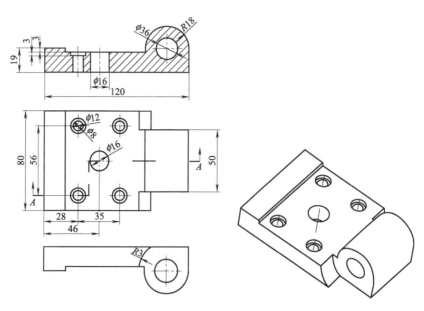

图6.51 工程图

## 6.3 工程图设计实例 2

打开建模部分所创建的零件模型,如图 6.52 所示,创建工程图。

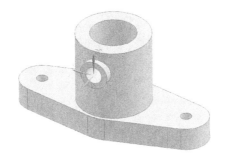

图 6.52 零件模型

### 6.3.1 建立图纸页

打开零件的三维模型图文件后,进入制图环境。单击【启动】—【制图】命令,进入工程图环境,选择图纸,创建基本视图。

### 6.3.2 添加视图

步骤 1:新建图纸页。单击【插入】—【图纸页】命令(或单击【图纸】工具条中的按钮),弹出【图纸页】对话框。在对话框中选择 6.53 所示的选项,然后单击【确定】按钮。

图 6.53 【图纸页】对话框

图 6.54 【基本视图】对话框

步骤 2：添加俯视图。单击【插入】—【视图】—【基本】命令（或单击【图纸】工具条中的按钮），弹出【基本视图】对话框。在对话框中进行图 6.54 所示的设置，然后在图纸虚线框内部的合适位置单击鼠标左键，添加模型的俯视图，如图 6.55 所示。

步骤 3：添加半剖视图作为主视图。在命令查找器中输入【半剖视图】命令，单击搜索，弹出【半剖视图】对话框，或者选择俯视图，单击右键，选择半剖视图，选项设置如图 6.56 所示。然后依次点选俯视图的右边小圆心以及中心大圆的圆心，再往上方单击某适当位置，添加半剖视图。

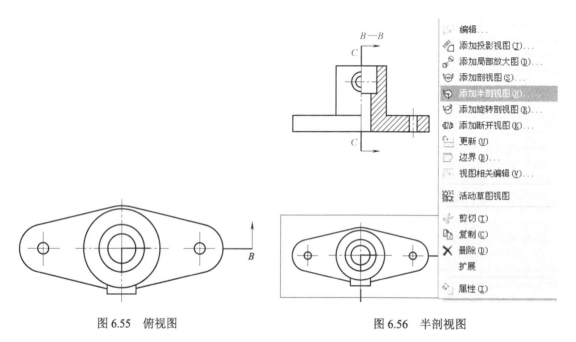

图 6.55　俯视图　　　　　　　　图 6.56　半剖视图

步骤 4：添加剖视图作为左视图。在命令查找器中输入【剖视图】命令，单击搜索，弹出【剖视图】对话框，或者选择主视图，单击右键，选择剖视图，弹出【剖视图】对话框。先点选对话框中的父视图选择视图项，如图 6.57 所示，然后点选主视图，点选主视图的孔中心，再往右单击适当位置，添加剖视图。

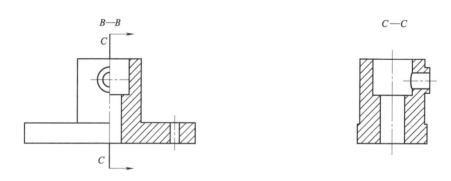

图 6.57　添加剖视图

步骤 5：添加等轴测图。使用【基本视图】命令，在对话框中将模型视图下拉选项改为"正等测视图"，如图 6.58 所示，然后将三维图形放置在图纸的右下方，如图 6.59 所示。

图 6.58 【基本视图】对话框

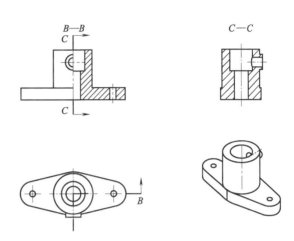

图 6.59 添加三维图形

### 6.3.3 标注尺寸

单击【插入】—【尺寸】—【快速】命令（或直接单击工具条中的小图标），弹出【快速尺寸】对话框，在对话框的测量方法下拉列表中有自动判断标注、直线标注、直径标注、角度标注等许多选项，根据尺寸的类型需要选定，标注尺寸如图 6.60 所示。

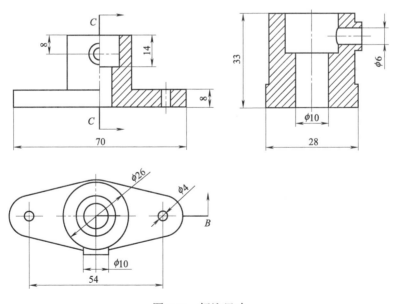

图 6.60 标注尺寸

### 6.3.4 表面粗糙度标注

单击【插入】—【注释】—【表面粗糙度符号】命令，弹出【表面粗糙度】对话框。在

【表面粗糙度】对话框中设置图 6.61 所示的参数,对话框最下端的"角度"数值和"反转文本"的勾选,是针对不同表面的粗糙度标注。标注表面粗糙度如图 6.62 所示。

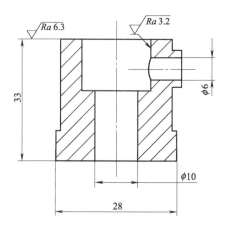

图 6.61　【表面粗糙度】对话框　　　　　图 6.62　标注表面粗糙度

### 6.3.5　标注形状位置公差

单击【插入】—【注释】—【基准特征符号】命令,系统弹出【基准特征符号】对话框。在对话框中设置图 6.63 所示的参数,将形位公差放置在所需要标注的平面上,如图 6.64 所示。

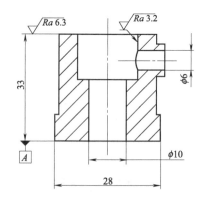

图 6.63　【基准特征符号】对话框　　　　　图 6.64　标注形位公差

单击【插入】—【注释】—【特征控制框】命令，系统弹出【特征控制框】对话框，如图 6.65 所示。在【特征】区域的下拉列表中选择"平行度公差"选项，在【框样式】区域的下拉列表中选择"单框"，输入公差值"0.01"，选择参考基准"A"，放置形位公差如图 6.66 所示。

图 6.65　【特征控制框】对话框　　　　图 6.66　标注形位公差

最终完成结果如图 6.67 所示。

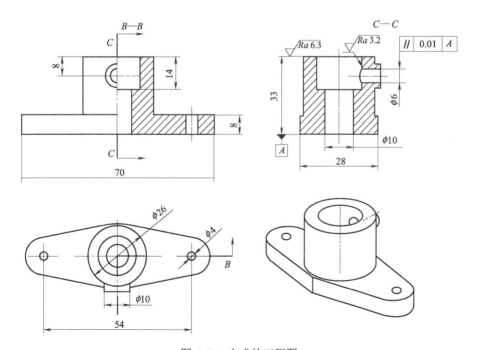

图 6.67　完成的工程图

## 小　　结

工程图模块在逆向设计开发中使用广泛，通过三维扫描处理可以得到零部件的三维模型，再使用 UG 的工程图模块，就可以直接创建零部件的二维图纸，不用再进行复杂的测量，不但减小误差，并且提高了效率，大大缩减了产品的设计周期。

## 课后习题

根据零件图纸，创建第三章中图 3.141 的三维模型，然后设计工程图并进行标注。

# 第 7 章 数控编程基础

通过 UG NX12.0 加工模块，可进行交互式编程并对铣、钻、车及线切割刀轨进行后处理，可定制的配置文件用来定义可用的加工处理器、刀具库、后处理器和其他高级参数，而这些参数的定义可以针对模具制造等行业。通过各个模板，可以定制用户界面并指定加工设置，这些设置可以包括机床、切削刀具、加工方法、共享几何体和操作顺序。本章只介绍数控铣削加工的方法和操作。

## 学习目标

◇ 了解数控铣削加工基本概念和加工环境
◇ 熟悉 UG NX12.0 数控铣削加工方法和基本操作步骤
◇ 掌握 UG NX12.0 数控铣削参数的设置方法
◇ 掌握 UG NX12.0 数控铣削常用加工方法及综合应用

## 主要内容

◇ 7.1　UG CAM 基础知识
◇ 7.2　型腔铣削加工
◇ 7.3　凸模板铣削加工
◇ 7.4　凸模零件铣削加工
◇ 7.5　平面刻字加工
◇ 7.6　曲面刻字加工
◇ 7.7　凹模零件铣削加工

## 7.1　UG CAM 基础知识

在 UG NX 中进行数控编程，首先要进入加工模块，并且需要进行加工环境的初始化设置。通过加工环境设置，来选择编程模板。

### 7.1.1 进入加工模块

功能：从建模模块或者其他模块进入加工模块。

应用：在标准工具条的选择【起始】按钮，在下拉选项中选择【加工】以进入加工模块。也可以使用快捷键（Ctrl+Alt+M）进入加工模块。

图 7.1 【加工环境】对话框

### 7.1.2 加工环境设置

功能：为加工环境选择适用的机床与加工模板集。

设置：进入加工模块时，系统会弹出【加工环境】对话框，如图 7.1 所示。选择【CAM 会话设置】和【要创建的 CAM 设置】后点击【确定】选项调用加工配置进行加工环境的初始化设置。

【CAM 会话设置】用于选择加工所使用的机床类别。【要创建的 CAM 设置】是在制造方式中指定加工设定的默认值文件，也就是要选择一个加工模板集。

UG NX 加工模块的工作界面如图 7.2 所示，与建模模块的工作界面基本相似。但也有其特有的部分，如操作导航器以及加工模块专用的工具条。

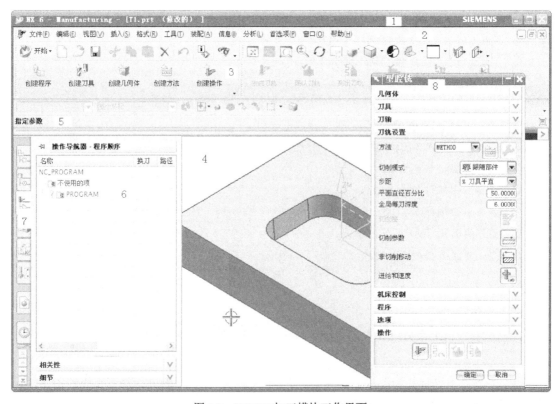

图 7.2 UG NX 加工模块工作界面

### 7.1.3 程序生成步骤

步骤 1：创建操作

程序组用于组织加工操作中排列各操作在程序中的次序。当程序数量较多时，可以通过程序组进行分开管理。

创建操作如图 7.3 所示。

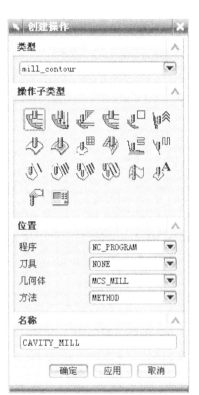

图 7.3 创建操作

创建加工方法，首先要选择【类型】及【程序子类型】，选择【位置】，再在名称框中输入名称，单击【确定】创建程序，如图 7.4 所示。

图 7.4 创建程序

步骤2：创建刀具

刀具组可定义切削刀具。刀具是数控加工中必不可少的选项，刀具组的创建可以通过从模板创建刀具，或者通过从刀库调用刀具来创建刀具，如图 7.5 所示。

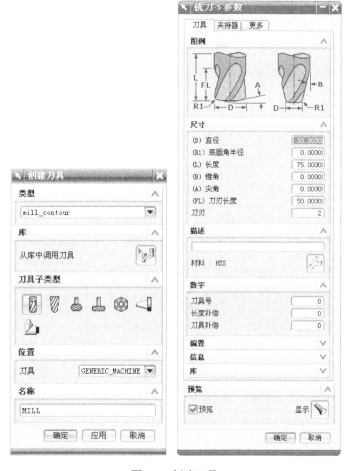

图 7.5 创建刀具

刀具参数设置用于指定刀具尺寸以及相关的管理信息。重点在于尺寸的设置。

步骤3：创建坐标系

加工几何体的创建包括定义加工坐标系、工件、边界和切削区域等。

创建几何体主要是在零件上定义要加工的几何体对象和指定零件在机床上的加工方位。创建几何体包括定义加工坐标系、工件、边界和切削区域等。创建几何体建立的几何体对象，可指定为相关操作的加工对象，如图 7.6 所示。

加工坐标系是所有后续刀具路径各坐标点的基准位置。在刀具路径中，所有坐标点的坐标值与加工坐标系关联，如果移动加工坐标系，则重新确立了后续刀具路径输出坐标点的基准位置。

加工坐标系的坐标轴用 **XM**、**YM**、**ZM** 表示。其中 **ZM** 特别重要，如果不另外指定刀轴矢量方向，则 ZM 轴为默认的刀轴矢量方向。

步骤4：创建加工部件和毛坯

在平面铣和型腔铣中，工件几何体用于定义加工时的零件几何体、毛坯几何体和检查几何体。通过在模型上选择体、面、曲线和切削区域来定义零件几何体、毛坯几何体和检查几何体，还可以定义零件的偏置厚度、材料和存储当前视图布局与层。

图 7.6 创建几何体

【指定部件】：部件定义的是加工完成后的零件，即最终的零件。它控制刀具的切削深度和活动范围，可以选择特征、几何体（实体、面、曲线）和小面模型来定义零件几何体。

【指定毛坯】：毛坯是将要加工的原材料，可以用特征、几何体（实体、面、曲线）定义毛坯几何体。在型腔铣中，零件几何体和毛坯几何体共同决定了加工刀轨的范围，如图 7.7 所示。

【指定检查】：检查几何体是刀具在切削过程中要避让的几何体，如夹具和其他已加工过的重要表面。

【部件偏置】：在零件实体模型上增加或减去由偏置量指定的厚度。正的偏置值在零件上增加指定的厚度，负的偏置值在零件上减去指定的厚度。

图 7.7 设置毛坯几何体

步骤 5：创建加工方法

创建加工方法可以指定【余量】【公差】【切削步距】和【进给】等选项。创建加工方法，首先要选择【类型】及【方法子类型】，选择【位置】，再在名称框中输入方法的名称，单击【确定】打开【铣削方法】对话框，如图 7.8 所示。

## 7.1.4 创建操作

【部件余量】：为加工方法指定加工余量。使用该方法的操作将具有同样的加工余量。

【公差】：公差限制了刀具在加工过程中离零件表面的最大距离，指定的值越小，加工精度越高。内公差限制刀具在加工过程中越过零件表面的最大过切量，外公差是刀具在切削过程中没有切至零件表面的最大间隙量。

【切削方式】：指定切削方式，可以从弹出的列表中选择一种加工方式。

【进给】：设置进给率，打开【更多】选项可以为各种非切削移动和切削运动的运动条件设置进给度。

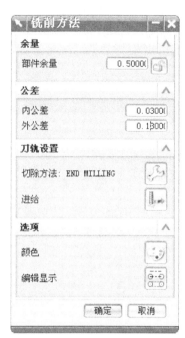

图 7.8 创建加工方法

图 7.9 创建操作

【选项】：指定刀轨的显示方式，包括不同运动状态的显示颜色与显示方式。

创建操作是 UG NX 编程中的核心操作内容。可以通过从模板中选择不同的操作类型，选择【程序】【几何体】【刀具】和【方法】位置组，并按具体的操作要求选择几何体，设置刀轨参数，生成刀轨，如图 7.9 所示。

### 7.1.5 操作导航器视图

操作导航器是让用户管理当前零件的操作及操作参数的一个树形界面，以图示的方式表示出操作与组之间的关系，选择不同的视图将以不同的组织方式显示组对象与操作。

操作导航器具有四个用来创建和管理 NC 程序的分级视图。每个视图都根据其视图主题来组织相同的操作集合：程序内的操作顺序、使用的刀具、加工的几何体或使用的加工方法。单击屏幕左侧的操作导航器图标将显示操作导航器，操作导航器在鼠标离开时会自动隐藏，如需固定显示，单击角落上的图标。

【程序顺序视图】：将按程序分组显示操作。操作在输出时将按照其在程序中的顺序进行，因而可以根据具体情况决定是否按最有效的方式进行安排。而在其他视图中的操作位置并不表示输出后的加工顺序。

机床视图，将按刀具分组显示操作。在操作导航器的机床视图将显示当前所有刀具，并在已创建完成的刀具下显示操作。

【几何体视图】：将按几何体分组显示操作。在操作导航器的机床视图将以树形方式显示当前所有创建的几何体，操作显示在创建时选择的几何体组之下。

【方法视图】：在【方法视图】中，系统显示根据其加工方法（粗加工、精加工、半精加工）分组在一起的操作。通过这种组织方式，可以很轻松地选择操作中的方法。

操作导航器中显示操作的相关信息，并以不同的标记表示其操作状态，如图 7.10 所示。

图 7.10 操作导航器

## 7.1.6 刀轨操作

在操作导航器中可以进行刀轨的生成、重播、确认、列出、后处理等各种针对刀轨的操作，如图 7.11 所示。

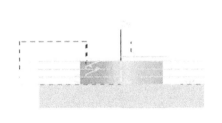

图 7.11 刀轨操作

在【操作】对话框底部有图标，分别为生成、重播、确认、列表，与工具条上的对应功能相同，但是【操作】对话框中的操作只针对当前创建的操作，而通过工具条可以对选择的一个或多个操作进行刀轨操作。另外也可以通过菜单和操作导航器的右键菜单选择重播、确认、列表进行刀轨操作，如图 7.12 所示。

重播刀轨是在图形窗口中显示已生成的刀具路径。通过重播刀轨，可以验证刀具路径的切削区域、切削方式、切削行距等参数。

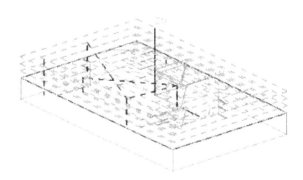

图 7.12 刀具轨迹

## 7.1.7 后处理

CAM 过程的最终目的是生成一个数控机床可以识别的代码程序。数控机床的所有运动和操作是执行特定的数控指令的结果，完成一个零件的数控加工一般需要连续执行一连串的数控指令，即数控程序。UG NX 生成刀轨产生的是刀位文件 CLSF 文件，需要将其转化成 NC 文件，成为数控机床可以识别的 G 代码文件。NX 软件通过 UG/POST，将产生的刀具路径转换成指定的机床控制系统所能接收的加工指令，如图 7.13 所示。

在操作导航器的程序视图中，选择已生成刀具路径的操作，在工具条上单击【后处理】，系统打开【后处理】对话框。

【后处理器】：从中选择一个后处理的机床配置文件。因为不同厂商生产的数控机床其控制参数不同，必须选择合适的机床配置文件。

【输出文件】：指定输出程序的文件名称和路径。

【单位】：可选择公制或英制单位。

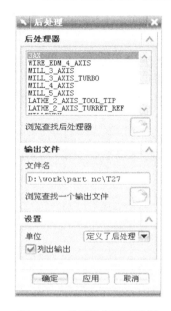

图 7.13 【后处理】对话框

【列出输出】：激活该选项，在完成后处理后，将在屏幕显示生成的程序文件。

完成各项设定后，点击【确定】，系统进行后处理运算，生成程序指定路径的文件名的程序文件。

# 7.2 型腔铣削加工

认真分析零件图纸，按要求创建三维模型，设计合理的加工工艺，进入加工模块生成刀具轨迹和 G 代码。

### 7.2.1 零件分析

加工零件如图 7.14 所示，材料为 ZL104，毛坯尺寸为 100mm×100mm×30mm，要求加工凸台及型腔。

### 7.2.2 创建加工模型

根据零件图纸，构建三维模型，如图 7.15 所示。

### 7.2.3 工艺分析

结合零件特征制订工艺过程并选定加工参数，如表 7.1 所示。

### 7.2.4 加工步骤

（1）加工初始化

选择【开始】—【加工】命令，在弹出的对话框中，将要创建的【类型】设置设为"mill-contour"，单击【确定】按钮，完成加工环境设置。

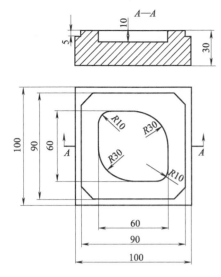

图 7.14 型腔铣削零件图

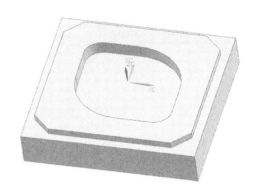

图 7.15 型腔三维模型

表 7.1 工艺步骤及切削参数

| 工步 | 加工类型 | 刀具 | 切削方式 | 步距 | 切削参数 | | |
|---|---|---|---|---|---|---|---|
| | | | | | 切削深度 /mm | 主轴转速 /(r/min) | 进给速度 /(mm/min) |
| 粗加工+清根 | 型腔铣 | $\phi 14$ 键槽铣刀 | 跟随工件 | 刀具直径80% | 1.5 | 1500 | 150 |

（2）创建程序和刀具

选择【插入】－【程序】命令或单击【创建程序】命令图标，打开对话框，创建程序名默认为"PROGRAM01"，单击【确定】按钮，如图所示。再选择【插入】－【刀具】命令或单击【创建刀具】图标，创建如图 7.16 所示的刀具，命名为"MILL_D14"。铣刀参数如图 7.17 所示。

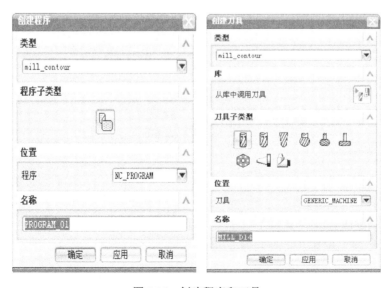

图 7.16 创建程序和刀具

(3) 创建几何体

步骤 1：建立加工坐标系。单击【创建几何体】图标，打开【创建几何体】对话框。先利用坐标系构造器功能，调整加工坐标系和机床坐标系重合，保证加工坐标系原点在毛坯的中心点上，并且保证工件安装在工作台上时的对刀点一致，如图 7.18 所示。创建安全平面可以采用默认设置，如图 7.19 所示。

步骤 2：分别指定工件几何体和毛坯几何体。

在【创建几何体】对话框中单击【铣削几何体】图标，打开默认名称为【铣削几何体】的对话框。注意一定要修改位置为"MCS_01"这个坐标系，根据需要自己命名。单击【确定】按钮，如图 7.20 所示。

指定毛坯几何体。在打开的【铣削几何体】对话框中选择【指定毛坯】图标，选择包容块。单击【确定】按钮，如图 7.21 所示。

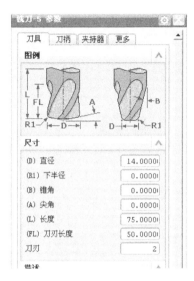

图 7.17 铣刀参数

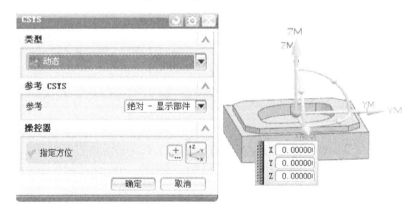

图 7.18 创建加工坐标系

图 7.19 创建安全平面

第 7 章 数控编程基础

图 7.20 创建几何体

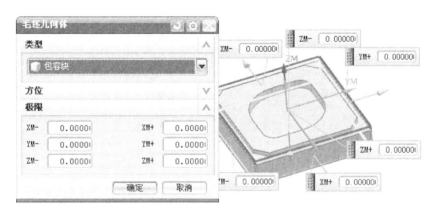

图 7.21 指定毛坯几何体

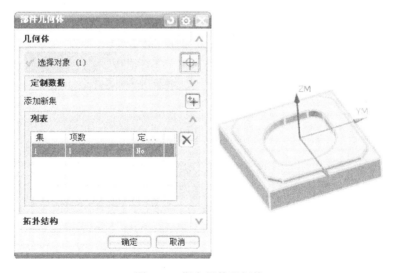

图 7.22 指定部件几何体

指定部件几何体。在打开的【部件几何体】对话框中选择【指定部件】图标,单击工件实体模型为指定部件。单击【确定】按钮,如图7.22所示。

(4)创建工序

选择【创建工序】图标或选择【插入】—【工序】命令,打开【创建工序】对话框。把【工序子类型】选为"CAVITY MILL";将【位置】组中的【程序】选为已建立的"NC_PROGRAM";【刀具】选为直径为14mm的"MILL_D14";【几何体】选为刚建立的"MILL_GEOM_01";【方法】选择"MILL FINISH",创建型腔铣削加工【名称】为"CAVITY MILL_01",如图7.23所示。单击【确定】按钮,进入【型腔铣】对话框。

【刀轨设置】参数中【步距】选为"刀具平直百分比;【平面直径百分比】为"80",【最大距离】为"1.5"。

【切削参数】中【策略】选择如图7.24所示。

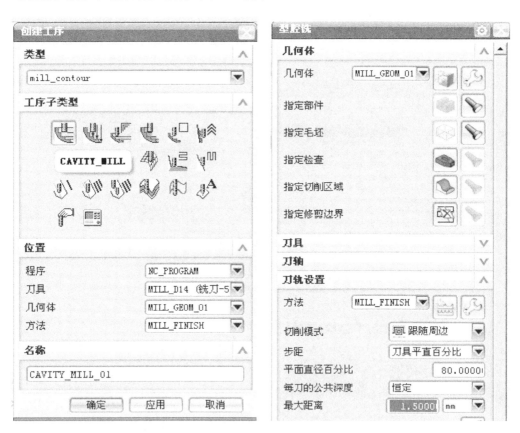

图7.23 创建工序

【非切削移动】设置如图7.25所示。【进刀类型】选择"沿形状斜进刀",【转移/快速】选项卡的【间隙】组中的【安全设置选项】设为"自动平面",【区域之间】组中的【转移类型】选择"最小安全值Z",【安全距离】设为"3mm"。【进给率和速度】设置主轴转数为"1500",进给设置"150",完成后单击【确定】按钮。如图7.26所示。

在【型腔铣】对话框的操作中选择【生成】刀轨命令图标,生成加工刀具轨迹,如图7.27所示。

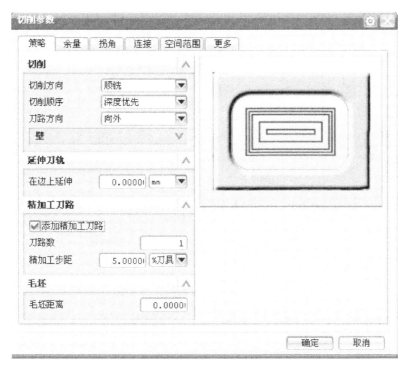

图 7.24 选择加工策略

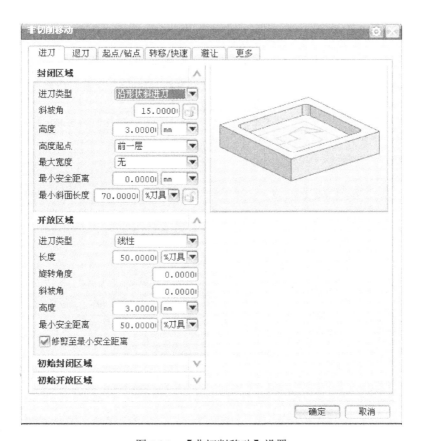

图 7.25 【非切削移动】设置

图 7.26  选择加工参数

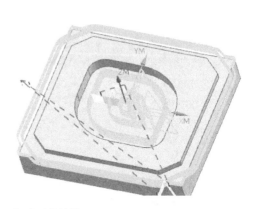

图 7.27  生成刀具轨迹

(5) 轨迹仿真

在图 7.27 所示的【型腔铣】对话框中,单击【确认刀轨】命令图标,弹出【刀轨可视化】对话框,选择【3D 动态】选项卡,如图 7.28 所示,单击【播放】按钮进行仿真,仿真结束后,选择【确定】按钮,如图 7.29 所示。

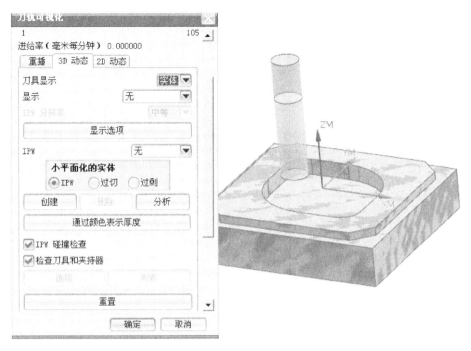

图 7.28　刀具轨迹仿真

图 7.29　3D 仿真

在操作导航器中选择刀具轨迹，进行后处理，选择后处理器如图 7.30 所示，单位选择"公制"，后处理生成程序。

注意生成的程序需要根据不同的机床系统进行修改，主要修改程序格式，结合 FUNAC 系统修改后的程序如图 7.30 所示。

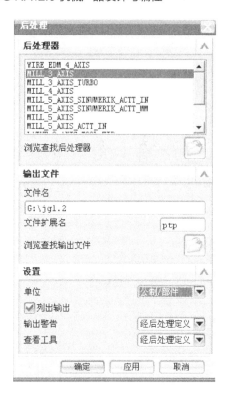
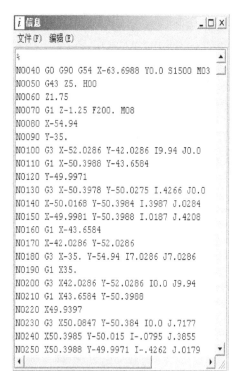

图 7.30  后处理及 G 代码

## 7.3  凸模板铣削加工

认真分析零件图纸，按要求创建三维模型，设计合理的加工工艺，进入加工模块生成刀具轨迹和 G 代码。

### 7.3.1  零件分析

加工零件如图 7.31 所示，材料为 ZL104，毛坯尺寸为 70mm×60mm×20mm，要求加工凸台及型腔。

### 7.3.2  创建模型

根据零件图纸，创建三维模型，如图 7.32 所示。

### 7.3.3  工艺分析

结合凸模板零件特征制订工艺过程并选定加工参数，如表 7.2 所示。

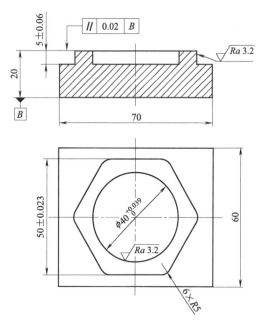

图 7.31  加工零件图纸

表 7.2　凸模板铣削工艺

| 工步 | 加工类型 | 刀具 | 切削方式 | 步距 | 切削参数 | | |
|---|---|---|---|---|---|---|---|
| | | | | | 切削深度/mm | 主轴转速/(r/min) | 进给速度/(mm/min) |
| 粗加工＋清根 | 型腔铣 | φ14 键槽铣刀 | 跟随工件 | 刀具直径 80% | 1.5 | 1500 | 150 |

### 7.3.4　加工步骤

（1）加工初始化

选择【开始】－【加工】命令，在弹出的对话框中，将【要创建的 CAM 设置】设为"mill_contour"，单击【确定】按钮，完成加工环境设置，如图 7.33 所示。

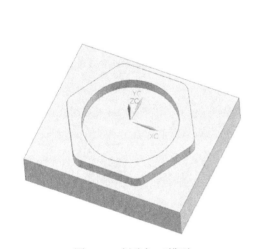

图 7.32　创建加工模型

图 7.33　加工环境设置

（2）创建程序和刀具

选择【插入】－【程序】命令或单击【创建程序】命令图标，打开对话框，创建程序名默认为"PROGRAM_01"，单击【确定】按钮。再选择【插入】－【刀具】命令或单击【创建刀具】图标，创建如图 7.34 所示的刀具，命名为"MILL_D14"。刀具参数如图 7.35 所示。

（3）创建几何体

步骤 1：建立加工坐标系。单击【创建几何体】图标，打开【创建几何体】对话框。

先利用坐标系构造器功能，调整加工坐标系和机床坐标系重合，保证加工坐标系原点在毛坯的中心点上，并且保证工件安装在工作台上时的对刀点一致，如图 7.36 和图 7.37 所示。

步骤 2：分别指定工件几何体和毛坯几何体。

在【创建几何体】对话框中单击【创建几何体】图标，打开默认名称为【创建几何体】的对话框。一定要修改位置为"MCS_01"这个坐标系，根据需要自己命名。单击【确定】按钮，如图 7.38 所示。

图 7.34 创建程序和刀具　　　　图 7.35 选择刀具参数

图 7.36 创建几何体

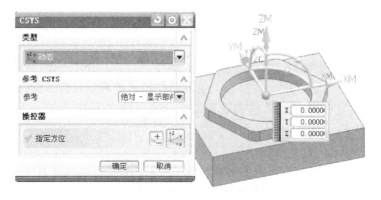

图 7.37 创建加工坐标系

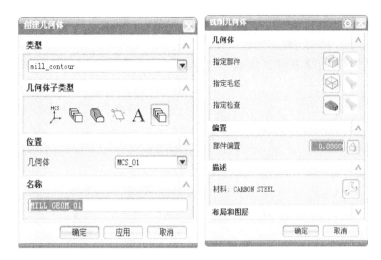

图 7.38　创建加工几何体

指定毛坯几何体。在打开的【铣削几何体】对话框中选择【指定毛坯】图标，选择包容块。单击【确定】按钮，如图 7.39 所示。

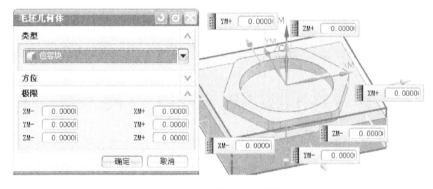

图 7.39　指定毛坯几何体

步骤 3：指定部件几何体。在打开的【铣削几何体】对话框中选择【指定部件】图标，单击工件实体模型为指定部件。单击【确定】按钮，如图 7.40 所示。

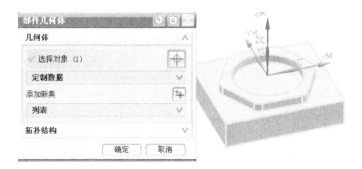

图 7.40　指定部件几何体

（4）创建工序

选择【创建工序】图标或选择【插入】—【工序】命令，打开【创建工序】对话框。把工序子类型选为"CAVITY_MILL"；将【位置】组中的【程序】选为已建立的"NC_

PROGRAM";【刀具】选为 "MILL_D14";【几何体】选为刚建立的 "MILL_GEOM_01";【加工方法】选为 "MILL_FINISH",创建型腔铣削粗加工【名称】为 "CAVITY_MILL_01",如图 7.41 所示。单击【确定】按钮,进入【型腔铣】对话框。

图 7.41　创建工序

【刀轨设置】参数中【步距】选为 "刀具平直百分比";【平面直径百分比】长为 "80",【最大距离】为 "1.5"。

【切削参数】选择如图 7.42 所示。

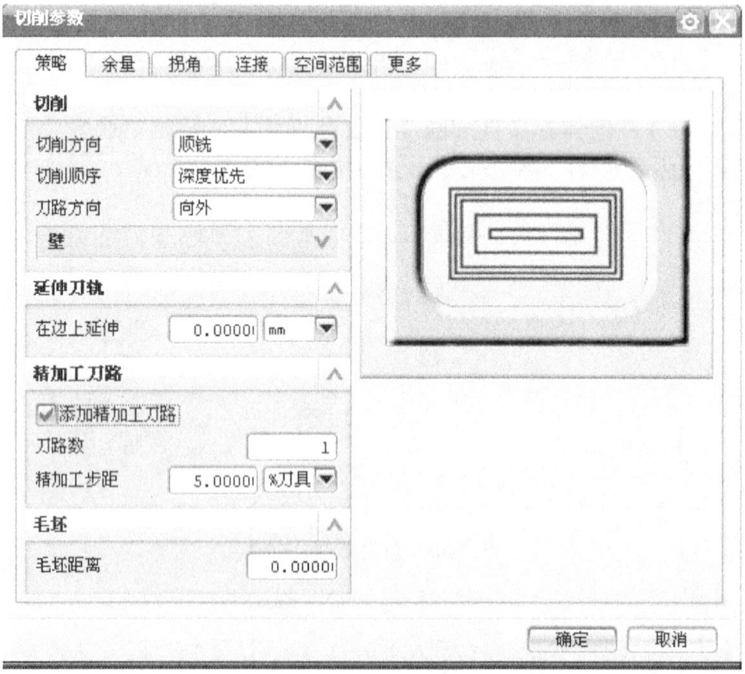

图 7.42　【切削参数】选择

【非切削移动】设置如图 7.43 所示，【进刀类型】"沿形状斜进刀"，【转移/快速】选项卡的【间隙】组中的【安全设置选项】设为"自动平面"，【区域之间】组中的【转移类型】选择"最小安全值 Z"，【安全距离】设为"3mm"。

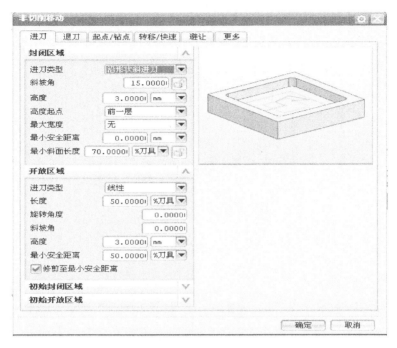

图 7.43　【非切削移动】设置

图 7.44　选择主轴转速

【进给和速度】设置主轴转数为"1500",进给设置"150",如图 7.44 所示,完成后单击【确定】按钮。在【型腔铣】对话框的操作中选择【生成】刀轨命令图标,生成加工刀具轨迹,如图 7.45 所示。

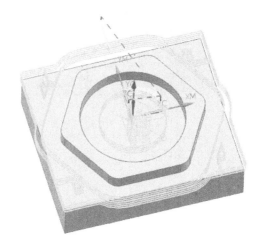

图 7.45　生成加工刀具轨迹

### 7.3.5　轨迹仿真

在图【型腔铣】对话框中,单击【确认刀轨】命令图标,弹出【刀轨可视化】对话框中,选择【3D 动态】选项卡,单击【播放】按钮进行仿真,仿真结束后,选择【确定】按钮,如图 7.46 所示。

在【操作导航器】中选择【刀具轨迹】,进行后处理,选择后处理器如图 7.47 所示,单位选择"公制/部件",后处理生成程序。

注意生成的程序需要根据不同的机床系统进行修改,主要修改程序格式,结合 FANUC 系统修改后的程序如图 7.47 所示。

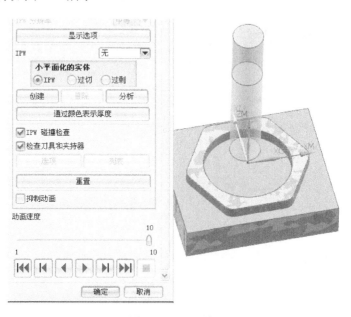

图 7.46　3D 仿真

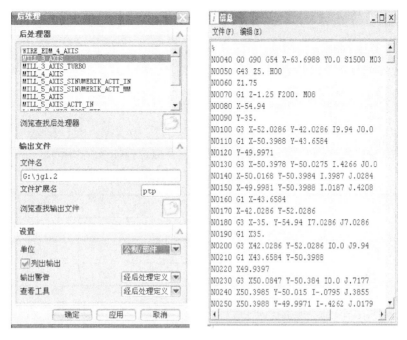

图 7.47  后处理与程序修改

## 7.4  凸模零件铣削加工

加工图 7.48 所示的凸模零件，零件材料为 HT150，毛坯为 120mm×120mm×42mm 的方料。

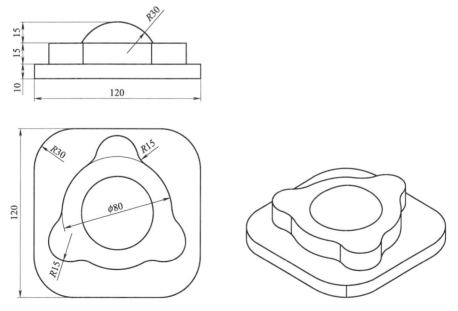

图 7.48  凸模零件图纸

## 7.4.1 建模分析

模型零件如图 7.48 所示，可先绘制长方体底座，其中长 120mm，宽 120mm，高 10mm，圆角半径 30mm；然后，按尺寸绘制中间部分草图，拉伸高度 15mm 生成中间部分的实体；最上面直径为 60mm 的球冠直接用球体生成。

## 7.4.2 加工分析

模型球冠部分采用"型腔铣"的方法来加工，参数选择如表 7.3 所示。

表 7.3 凸模零件工艺分析及参数选择

| 加工类型 | 工步 | 刀具 | 切削方式 | 步距 | 切削参数 | | |
|---|---|---|---|---|---|---|---|
| | | | | | 切削深度 | 主轴转速 | 进给速度 |
| 型腔铣+IPW | 粗加工 | φ16 | 跟随周边 | 18 | 2 | 1500 | 120 |
| 型腔铣 | 精加工 | φ16 | 跟随周边 | 5 | 0.2 | 2000 | 700 |

## 7.4.3 建模设计

步骤 1：底座建模。选择【插入】—【设计特征】—【长方体】命令或单击【特征】工具栏上的【长方体】命令图标，在弹出的对话框中输入长度为"120"，宽度为"120"，高度为"10"，选择【点构造器】，在弹出的对话框中输入长方体的起点坐标为（-60，-60，0），使坐标系零点坐落在长方体底面中心，单击【确定】按钮，然后用【边倒圆】命令进行圆角操作，半径为 30mm，如图 7.49 所示。

步骤 2：模型中间部分建模。选择底座上表面按尺寸绘制草图，拉伸高为 15mm，布尔求和，如图 7.50 所示。

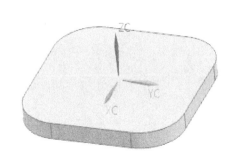

图 7.49 底座建模

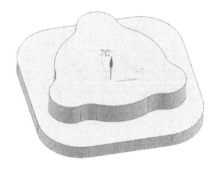

图 7.50 拉伸凸台

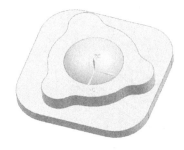

图 7.51 创建球冠

步骤 3：模型上面部分建模。创建直径为 60mm、圆心点坐标为（0，0，10）的球体，并用【修剪体】命令将球体多余部分修剪掉（注意预览，确认需要修剪的部分），如图 7.51 所示。然后，将球的顶部（修剪体后剩余的部分）和已建模型求和，得到最终的零件模型。

## 7.4.4 加工设计

步骤 1：加工环境设置。选择【开始】—【加工】命令，进入 UG CAM 环境，在【CAM 会话配置】中选择"cam_general"，然后，在【类型】中选择"mill_contour"（固定轴轮廓铣）铣削方式，单击【确定】，完成加工环境设置，如图 7.52 所示。

步骤 2：创建程序。单击【创建程序】，在程序名称内输入"PROGRAM_01"，其他选项保持默认，单击【确定】按钮，完成程序的创建。如图 7.53 所示。

图 7.52　设置加工环境　　　　　　图 7.53　创建程序

步骤 3：创建刀具。单击【创建刀具】图标，在【刀具子类型】区域中选择"mill"图标，名称输入为"MIL_D16"，其他选项保持默认。单击【确定】按钮，完成刀具的创建，如图 7.54 所示。

步骤 4：创建几何体

单击子类型中的"CSYS"，单击【应用】按钮，弹出如图 7.55 所示的对话框，选择【原点，X 轴，Y 轴】，将加工坐标系选择到球冠上表面的顶点，连续单击两次【确定】按钮，返回到【创建几何体】对话框，如图 7.56 所示。

步骤 5：单击【创建几何体】【名称】输入"MILL_GEOM_01"，其他选项保持默认。单击【确定】按钮，弹出【部件几何体】对话框，分别指定加工部件为创建的主模型，毛坯为包容块，如图 7.56 所示。

步骤 6：创建加工方法。粗加工方法创建：在【方法子类型】中选择"MIL_METHOD"，在【位置方法】中选择【MILL_FINISH】，【名称】输入"MILL_METHOD_01"，如图 7.57 所示。单击【应用】按钮，弹出【MILL_METHOD】对话框，选择【进给和速度】，在弹出的对话框中输入进给率为"150"，其他选项保持默认，完成粗加工方法设置。

步骤 7：创建工序。单击【创建工序】，在工序子类型中选择第 1 个图标"CAVITY_MILL，在【位置程序】中选择"PROGRAM_01"，【刀具】选择"MILL_D16"，【几何体】选择"MILL_GEOM_01"，【方法】选择"MILL_METHOD_01"，【名称】输入"CAVITY_MILL_01"，单击【应用】按钮，如图 7.58（a）所示。

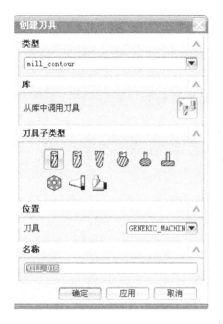
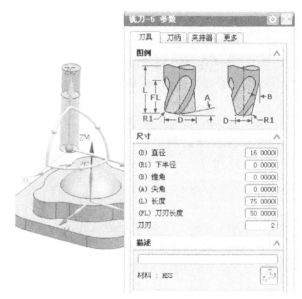

图 7.54　创建刀具

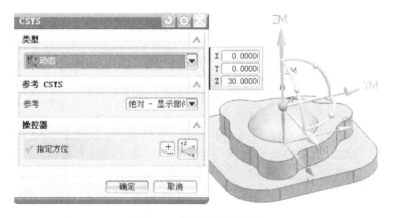

图 7.55　创建加工坐标系

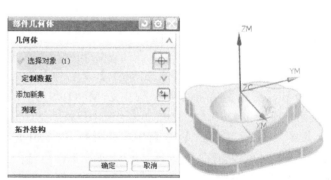

图 7.56　选择加工部件

图 7.57 创建加工方法

(a)                                    (b)

图 7.58 创建工序

在弹出的【型腔铣】对话框中输入切削模式为"跟随周边",【步距】为"刀具平直百分比",【平面直径百分比】为"90",【最大距离】为"2",如图 7.58(b)所示。单击【进给率和速度】,主轴速度输"1000",单击【生成】刀轨图标,生成刀具轨迹图标模型的刀具轨迹如图 7.59 所示。单击【确认】后进行仿真加工,加工前选择 IPW(中间毛坯)为"保存",粗加工后的模型生成图如图 7.60 所示。

步骤 8:精加工。单击【创建几何体】,如图 7.61 所示,【名称】输入"MILL_GEOM_02",其他选项保持默

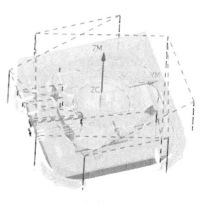

图 7.59 粗加工刀具轨迹

认。单击【确定】按钮，弹出【毛坯几何体】对话框，分别指定加工部件为创建的主模型，选择毛坯时，把过滤器改为"小平面体"，选择粗加工后的模型为毛坯，如图 7.62 所示。

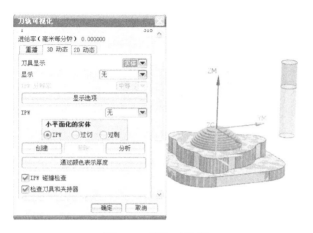

图 7.60　粗加工仿真

图 7.61　精加工几何体

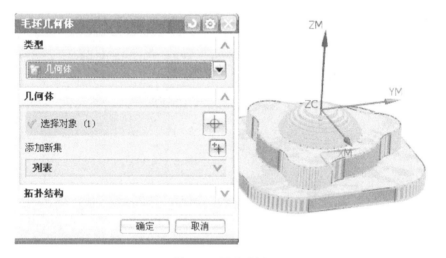

图 7.62　更改毛坯

**步骤 9**：创建精加工工序。单击【创建工序】，在工序子类型中选择第 1 个图标【CAVITY_MILL】，在【位置】中【程序】选择 "PROGRAM_01"，【刀具】选择 "MILL_D16"，【几何体】选择 "MILL_GEOM_02"，【方法】选择 "MILL_METHOD_01"，【名称】输入 "CAVITY_MILL_02"，单击【应用】按钮，如图 7.63 所示。

在弹出的【型腔铣】对话框中输入【切削模式】为 "跟随周边"，【步距】为 "刀具平直百分比"，【平面直径百分比】为 "80"，【最大距离】为 "0.2"，如图 7.63（b）所示。单击【进给率和速度】，主轴速度输 "1500"，设置 "切削参数" 和 "非切削移动参数"，单击【生成】刀轨图标，生成刀具轨迹如图 7.64 所示。

单击【确认】后进行仿真加工，精加工后的模型生成图如图 7.65 所示。

在左侧的操作导航器中选择操作，进行后处理，选择机床和单位，生成的 G 代码，如图 7.66 所示。

(a)

(b)

图 7.63 创建精加工工序

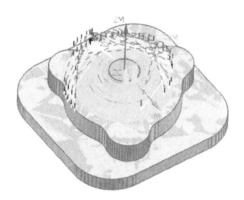

图 7.64 精加工刀具轨迹

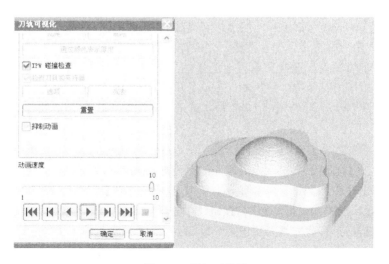

图 7.65 精加工仿真

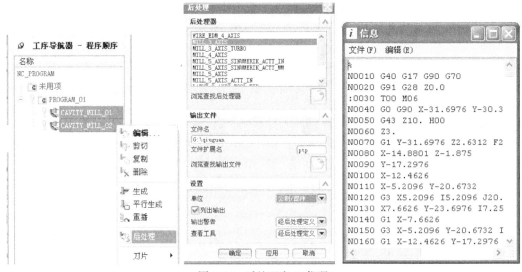

图 7.66 后处理和 G 代码

## 7.5 平面刻字加工

平面刻字加工零件中,所雕刻字体可以自行设计,材料为 ZL104,刀具为 $\phi 2$ 的键槽铣刀,要求在 200mm×70mm 的线框内输入"泰山石敢当",摆放位置适中。

### 7.5.1 创建模型

进入建模环境,选择【插入】—【草图】,选择 XC-YC 平面,绘制出 200mm×70mm 的矩形线框,坐标原点在左下角点,如图 7.67 所示。

### 7.5.2 加工设计过程

步骤 1:加工环境设置。选择【开始】—【加工】命令,进入 UG CAM 环境,在【CAM 会话配置】中选择"cam_general",然后,在【要创建的 CAM 设置】中选择"mill_planar"(平面铣)铣削方式,单击【确定】按钮,完成加工环境设置,如图 7.68 所示。

步骤 2:文字的输入。选择菜单栏中的【插入】—【注释】,弹出【注释】对话框,在格式化下面输入"泰山石敢当"5 个字,选择【设置】下面的样式按钮 A,在弹出的"注释"对话框中输入"字符大小"为 40,如图 7.69 所示。将文字拖动到合适的位置,完成 7.69 所示文字的输入。

步骤 3:创建程序。单击【创建程序】,在程序名称内输入"PROGRAM_01"。其他选项保持默认,单击【确定】按钮,完成程序的创建。如图 7.70 所示。

步骤 4:创建刀具。单击【创建刀具】,在【刀具子类型】区域中选择"Mill"图标,【名称】输入为"MILL_D2",其他选项保持默认。单击【应用】按钮,弹出【铣刀-5 参数】对话框,输入直径为 2mm 的平底立铣刀的相关参数,如图 7.71 所示,单击【确定】按钮,完成刀具的创建。

步骤 5:创建坐标系。选择加工坐标原点为线框的中心点,如图 7.72 所示。

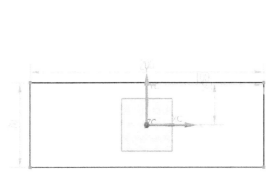

图 7.67 绘制矩形

图 7.68 加工环境设置

图 7.69 输入文字

步骤 6：创建工序。单击【创建工序】，在【工序子类型】中选择"PLANAR TEXT"，在【位置】中【程序】选择"PROGRAM_01"，【刀具】选择"MILL_D2"，【几何体】选择"NONE"，【方法】选择"MILL_FINISH"，【名称】输入"PLANAR_TEXT_01"，如图 7.73 所示，单击【应用】按钮，弹出图 7.74 所示的对话框，单击【指定制图文本】图标，选中"泰山石敢当"5 个字，单击【指定底面】图标，选择 XC-YC 平面。进行刀轨设置，文本深度、每刀距离、毛坯距离设置。

图 7.70　创建程序

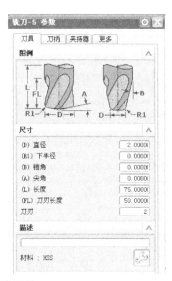

图 7.71　创建刀具

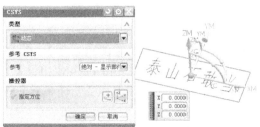

图 7.72　创建坐标系

第 7 章　数控编程基础　177

图 7.73　创建工序

图 7.74　文本几何体

步骤 7：非切削移动参数的设置。设置【进刀类型】为"插削"方式，【安全设置选项】为"自动平面"，【安全距离】设置为"3"，如图 7.75 所示。

图 7.75　非切削移动参数设置

步骤 8：在图 7.76 所示的对话框中设置进给率和速度，【主轴转速】设为 1000r/min，【进给率】设为 200mm/min，单击【生成刀轨】图标，平面刻字刀轨生成如图 7.77 所示。

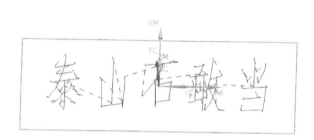

图 7.76　设置进给率和速度　　　　　　　　图 7.77　平面刻字刀轨

步骤 9：确认刀轨，单击【确定】按钮，进行后置处理，生成 G 代码。

## 7.6　曲面刻字加工

曲面刻字加工，材料为 ZL104，刀具为 $\phi 2$ 球头刀，要求在 $\phi 50 mm \times 120 mm$ 的圆柱面上雕刻"泰山石敢当"，字体不限，摆放位置适中。

### 7.6.1　建模设计

首先进入建模环境，在 YC-ZC 平面内绘制出 $\phi 50 mm$ 的圆，然后利用拉伸命令，【距离】120mm。单击工具栏的编辑对象显示图标，将圆柱体的透明度改为 75%，如图 7.78 所示。

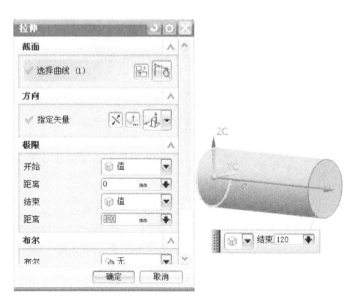

图 7.78　创建模型

## 7.6.2 加工设计

步骤 1：加工环境设置。选择【开始】－【加工】命令，进入 UG CAM 环境，在【CAM 会话配置】中选择"cam_general"，然后，在【要创建的 CAM 设置】中选择"mill_contour"（轮廓铣）铣削方式，单击【确定】按钮，完成加工环境设置，如图 7.79 所示。

步骤 2：文字的输入。选择菜单栏中的【插入】－【注释】弹出【注释】对话框，如图 7.80 所示，在【格式化】下面输入"泰山石敢当"5 个字，选择【设置】下面的【样式】按钮。在弹出的对话框中，【字符大小】设置为 25，如图 7.81 所示，将文字拖动到合适的位置，完成图 7.82 所示文字的输入。

图 7.79　设置加工环境

图 7.80　【注释】对话框

图 7.81　文字设置

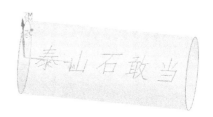

图 7.82　加工模型

步骤 3：创建程序。单击【创建程序】，在程序名称内输入"PROGRAM_01"，其他选项保持默认，单击【确定】按钮，完成程序的创建。

步骤 4：创建刀具。单击【创建刀具】，在【刀具子类型】区域中选择"mill"图标，【名称】输入为"BALL_MILL_D2R1"，其他选项保持默认。单击【应用】按钮，弹出【铣刀-5 参数】对话框，输入【直径】为 2mm 的球头刀的相关参数，如图 7.83 所示，单击【确定】按钮，完成刀具的创建。

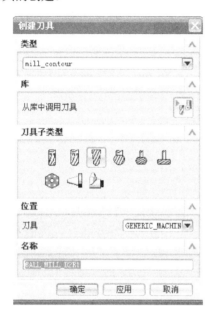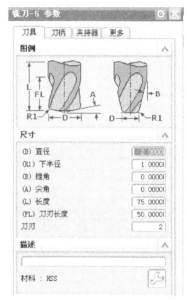

图 7.83　创建刀具

步骤 5：创建几何体。单击【几何视图】，单击机床坐标系下面的 CSYS 图标，弹出【CSYS】对话框，如图 7.84 所示，输入（0，0，25）。连续单击两次【确定】按钮。

点击【创建几何体】，如图 7.85 所示，单击指定部件后面的图标，弹出【部件几何体】对话框，如图 7.86 所示，然后选中视图中的圆柱体，单击【确定】按钮，返回【创建几何体】对话框；单击指定毛坯后的图标，弹出【毛坯几何体】对话框，如图 7.87 所示，选择部件的偏置，单击【确定】按钮，返回【创建几何体】对话框，单击【确定】按钮，完成铣削几何体的设置。

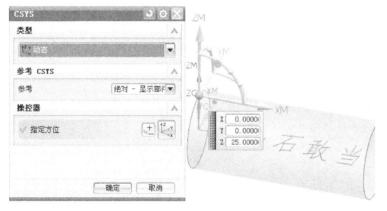

图 7.84　【CSYS】对话框　　　　　　　　　图 7.85　创建几何体

步骤6：创建工序。单击【创建工序】，在【工序子类型】中选择的"CONTOUR_TEXT"，在【位置程序】中选择"PROGRAM_01"，【刀具】选择"MILL_D1"，【几何体】选择"MILL_GEOM_01"，【方法】选择"MILL_FINISH"，名称输入"CONTOUR_TEXT_01"，如图7.88所示，单击【应用】按钮。

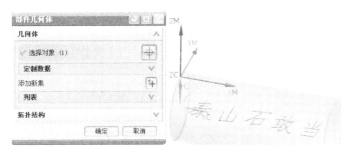

图7.86　【部件几何体】对话框

图7.87　【毛坯几何体】对话框　　　　图7.88　【创建工序】对话框

在弹出的图7.89所示的【轮廓文本】对话框中，单击"指定制图文本"图标。

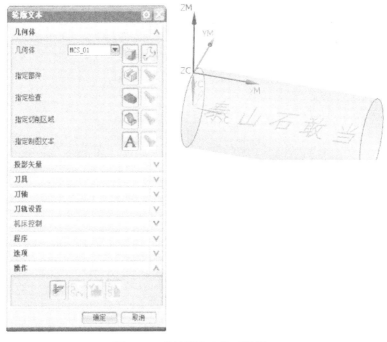

图7.89　【轮廓文本】对话框

在弹出对话框中，选中"泰山石敢当"5个字。在【轮廓文本】对话框中，投影矢量、刀轴等为默认，进行刀轨设置，文本深度 0.25。

【非切削移动】选择插削方式，如图 7.90 所示。

【进给率和速度】参数设置如图 7.91 所示。

单击【轮廓文本】对话框中的【轨迹生成】图标，生成如图 7.92 所示的"泰山石敢当"加工轨迹，单击【确认刀轨】按钮，并进行 3D 仿真处理，如图 7.93 所示。

确认刀轨，选择 2D 仿真，点击播放按钮，进给刀具轨迹仿真。单击【确定】按钮，进行后置处理，生成 G 代码。

图 7.90 【非切削移动】对话框

图 7.91 【进给率和速度】对话框

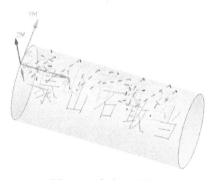

图 7.92 生成刀具轨迹

图 7.93 刀轨 3D 仿真

## 7.7 凹模零件铣削加工

加工如图 7.94 所示的凹模零件，零件材料为 HT150，毛坯为 156mm×156mm×50mm 的方料。

## 7.7.1 建模分析

步骤 1：底座建模。选择【插入】－【设计特征】－【长方体】命令或单击【特征】工具栏上的【长方体】命令，在弹出的对话框中输入长度为"156"、宽度为"156"、高度为"50"，选择"点构造器"，在弹出的对话框中输入长方体的起点坐标为（-78，-78，0），使坐标系零点坐落在长方体底面中心，单击【确定】按钮，如图 7.95 所示。

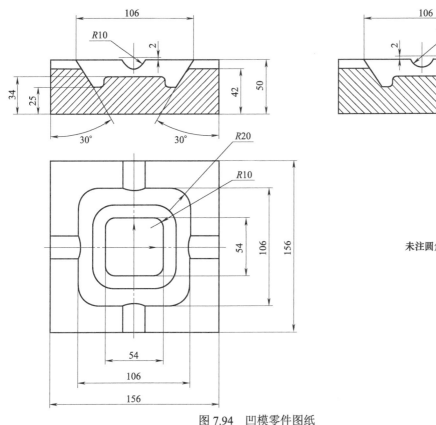

图 7.94 凹模零件图纸

图 7.95 插入长方体

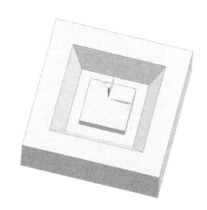

图 7.96 创建型腔

步骤 2：型腔部分建模。选择底座上表面按尺寸绘制 106mm×106mm 的正方形草图，拉伸高度为 25mm，拔模斜度为 30°，布尔求差，再倒 4 个 R20 的圆角；在槽底绘制 54mm×54mm 的正方形草图，并进行 R10 的圆角过渡，拉伸 9mm，【布尔】求和；再将小方体底面及槽底进行 R4 的圆角过渡；最后在大长方体的两侧分别作两个 R10 的半圆弧，然后分别沿 X 方向和 Y 方向以贯通的方式拉伸，【布尔】求差，最后将草图线隐藏。如图 7.96～图 7.98 所示。

图 7.97　倒圆角

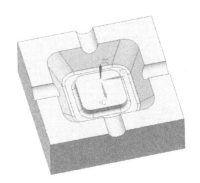

图 7.98　拉伸

### 7.7.2　工艺分析

型腔部分采用"型腔铣"的方法来加工，根据加工特点制订工序卡如表 7.4 所示。

表 7.4　加工步骤及参数选择

| 加工类型 | 工步 | 刀具 | 切削方式 | 步距 | 切削参数 | | |
| --- | --- | --- | --- | --- | --- | --- | --- |
| | | | | | 切削深度 | 主轴转速 | 进给速度 |
| 型腔铣 | 粗加工 | $\phi$20 | 跟随周边 | 18 | 2 | 1500 | 120 |
| 型腔铣+IPW | 半精加工 | $\phi$6 | 跟随周边 | 5 | 1 | 1800 | 700 |
| 型腔铣+IPW | 精加工 | R3 | 跟随周边 | 2 | 0.2 | 2000 | 1200 |

### 7.7.3　加工步骤

步骤 1：加工环境设置。选择【开始】-【加工】命令，进入 UG CAM 环境，在【CAM 会话配置】中选择"cam_general"，然后在【要创建的 CAM 设置】中选择"mill_contour"（固定轴轮廓铣）铣削方式，单击【确定】，完成加工环境设置。如图 7.99 所示。

步骤 2：创建程序。单击【创建程序】在程序【名称】内输入"PROGRAM_01"，其他选项保持默认，单击【确定】按钮，完成程序的创建。如图 7.100 所示。

步骤 3：创建刀具。单击【创建刀具】，在【类型】区域中选择"mill_contour"图标，【名称】输入为"MILL_D20"，其他选项保持默认。单击【应用】按钮，弹出【铣刀-5 参数】对话框，输入直径为 20mm 的平底立铣刀的相关参数，如图 7.101 所示，单击【确定】按钮，完成第一把刀的创建。

同理，创建直径为 6mm 的立铣刀，【名称】为"MILL_D6"，如图 7.102 所示；创建直径为 $\phi$6 的球头刀，名称为"BALL_MILL_D6R3"，如图 7.103 所示。

步骤 4：创建几何体。在几何视图中，打开工序导航器的折叠框，双击【MCS_MILL】，单击【应用】按钮，弹出如图 7.104 所示的对话框，选择【原点，X 轴，Y 轴】，将加工坐标系选择到毛坯上表面的中心点，如图 7.104 所示。连续单击两次【确定】按钮，返回到【创建几何体】对话框。

单击创建几何体，弹出【创建几何体】对话框。如图 7.105 所示，指定部件及毛坯，单击【确定】按钮。

图 7.99 加工环境设置

图 7.100 创建程序

图 7.101 创建刀具 D20

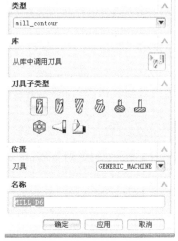

图 7.102 创建刀具 D6

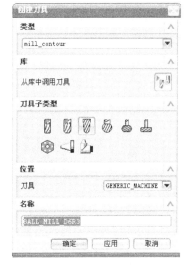

图 7.103 创建刀具 D6R3

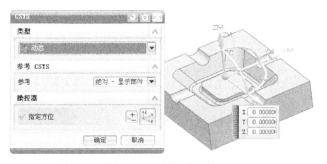

图 7.104 创建几何体

图 7.105 创建毛坯

创建方法,选择【MILL_FINISH】精加工方式,不留余量。如图 7.106 所示。

图 7.106 创建方法

步骤 5:创建工序。单击【创建工序】打开对话框,在工序子类型中选择第 1 个图标"CAVITY_MIL",在【位置程序】中选择"PROGRAM_01",【刀具】选择"MILL_D20",【几何体】选择"Mill_GEOM_01",【方法】选择"MILL METHOD_01",【名称】输入"CAVITY MILL_01",单击【应用】按钮。

在弹出的【型腔铣】对话框中,如图 7.107 所示,在【型腔铣】对话框中的刀轨设置中,输入【切削模式】为"跟随周边",【步距】为"刀具平直百分比",【平面直径百分比】为"85",【最大距离】为"2",单击【进给率和速度】,【主轴速度】输入"1500",单击"生成刀轨"图标。

生成加工模型的刀具轨迹如图 7.108 所示,单击【确定】按钮后进行仿真加工,加工前选择 IPW(中间毛坯)为"保存",粗加工后的模型生成图如图 7.109 所示。

步骤 6:半精加工。点击【创建几何体】按钮,输入名称"Mill_GEOM_02"弹出【创建几何体】对话框。指定部件,单击【确定】按钮。

在过滤器中设置"小平面体",选择粗加工之后的模型为半精加工的毛坯。

图 7.107 【型腔铣】对话框

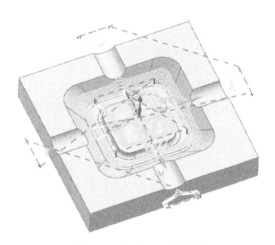

图 7.108 粗加工刀具轨迹

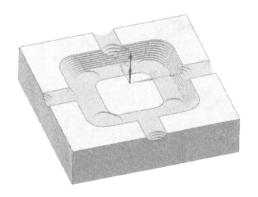

图 7.109 生成中间毛坯

单击【创建工序】打开对话框,在工序子类型中选择第 1 个图标"CAVITY_MILL",在【位置程序】中选择"PROGRAM_01",【刀具】选择"MILL_D8",【几何体】选择"MILL_GEOM_02",【方法】选择"MILL_METHOD_01",【名称】输入"CAVITY_MILL_02",单击【应用】按钮,如图 7.110 所示。

如图 7.111 所示,在弹出的【型腔铣】对话框中,在【型腔铣】对话框中的刀轨设置中,输入【切削模式】为"跟随周边",【步距】为"刀具平直百分比",【平面直径百分比】为"80",【最大距离】为"1",单击【进给率和速度】,【主轴速度】输入"1800",单击【生成刀轨】。

生成加工模型的刀具轨迹如图 7.112 所示,单击【确定】按钮后进行仿真加工,加工前选择 IPW(中间毛坯)为"保存",半精加工后的模型生成图如图 7.113 所示。

步骤 7:精加工。点击【创建几何体】按钮,输入名称"Mill_GEOM_03"弹出【铣削几何体】对话框。指定部件，单击【确定】按钮。

在过滤器中设置"小平面体"，先把粗加工后的毛坯隐藏，然后选择半精加工之后的模型为精加工的毛坯。

单击【创建工序】打开对话框，在工序子类型中选择第 1 个图标"CAVITY_MILL"，在【位置程序】中选择"PROGRAM_01"，【刀具】选择"MILL_R3"，【几何体】选择"Mill_GEOM_03"，方法选择"MILL_METHOD_01"，名称输入"CAVITY_MILL_03"，单击【应用】按钮，如图 7.114 所示。

图 7.110　创建半精加工

图 7.111　【型腔铣】对话框

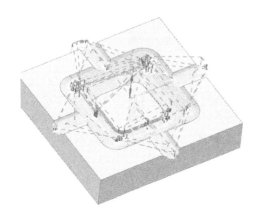

图 7.112　半精加工刀具轨迹

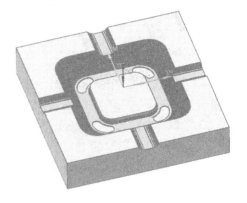

图 7.113　半精加工仿真

在弹出的【型腔铣】对话框中的刀轨设置中，输入【切削模式】为"跟随周边"，【步距】为"刀具平直百分比"，【平面直径百分比】为"80"，【最大距离】为"0.2"，单击【进给率和速度】，主轴速度输入"2000"，如图 7.115 所示，单击【生成刀轨】。如图 7.116 所示。

在操作导航器中分别对三个轨迹进行后置处理，生成 G 代码，如图 7.117 所示。

图 7.114　创建精加工

图 7.115　【型腔铣】对话框

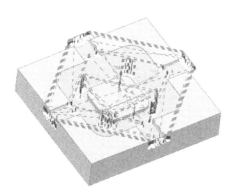

图 7.116　精加工轨迹

图 7.117　操作导航器

# 小　　结

本章运用了平面铣削、型腔铣削、面轮廓铣削、平面刻字加工及曲面刻字加工等几个实例对零件进行加工操作，其中加工方法的选择及参数的设定是难点。加工操作步骤较多，参数设置烦琐，走刀轨迹复杂，尤其是选择几何体的 IPW 中间毛坯时，层面之间的保存和切换，有工作层、可见层、不可见层、可选层之间的选择应用，IPW 和工件几何体所在图层的切换选择较为困难。另外，切削参数的设置和切削方法的选择更需要长时间的练习和实践，最好结合企业实际加工产品进行实训。

本章难点在于创建毛坯和部件几何体，切削区域的设置，中间毛坯 IPW 的生成，切削参数的设定。重点是加工子类型的选择和应用，在实际加工中，加工类型的选择和工艺过程参数的设置要本着节约加工成本，提高加工效率的原则，尽可能创建简单、快捷的走刀轨迹和程序,不要局限于本章实例中的操作步骤和设置,特别是数控加工工艺参数,要考虑具体的工件材料、刀具材料和加工机床的刚性、特点等,要具体问题具体分析。

## 课后习题

对图 7.118～图 7.121 进行数控加工编程。

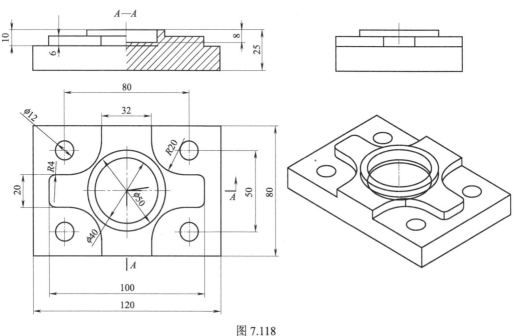

图 7.118

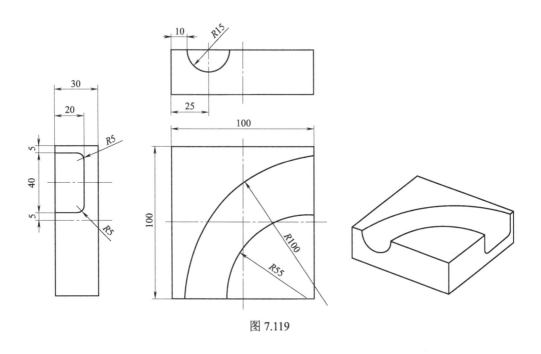

图 7.119

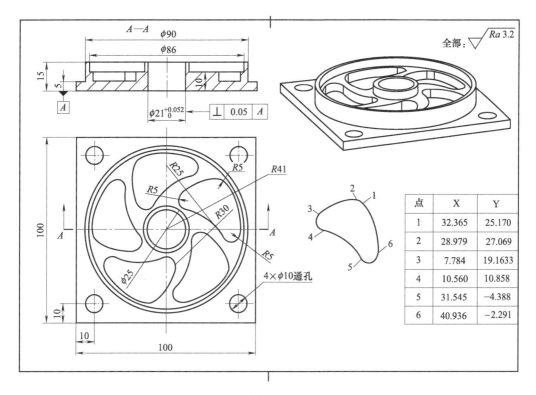

图 7.120

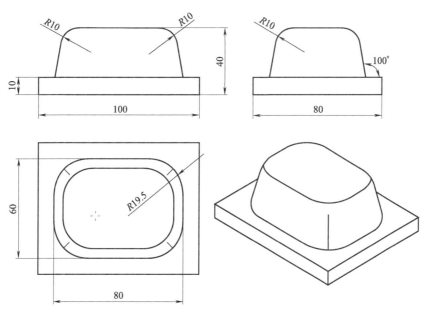

图 7.121

# 参考文献

[1] 刘昌丽,周进.UG NX12.0 完全自学手册.北京:人民邮电出版社,2012.
[2] 张云杰,尚蕾,等.UG NX12.0 中文版从入门到精通.北京:电子工业出版社,2012.
[3] 展迪优.UG NX8.0 快速入门教程.北京:机械工业出版社,2012.
[4] 展迪优.UG NX8.0 曲面设计教程.北京:机械工业出版社,2012.
[5] 展迪优.UG NX8.0 数控编程教程.北京:机械工业出版社,2012.
[6] 吴明友,宋长森.UG NX8.0 中文版产品建模.北京:化学工业出版社,2015.
[7] 来振东.UG NX8.0 工程应用技术大全.北京:电子工业出版社,2015.
[8] 鞠成伟,杨春兰,刘永玉.中文版 UG 曲面造型完全学习手册.北京:清华大学出版社,2014.
[9] 康亚鹏,李小刚,左立浩.UG NX8.0 数控加工自动编程.第 4 版.北京:机械工业出版社,2013.